MÉMOIRE

SUR

L'HISTOIRE NATURELLE

DU

DROMADAIRE.

Paris.—Imprimerie de Cosse et J. Dumaine, rue Christine, 2.

MÉMOIRE

L'HISTOIRE NATURELLE

DU

DROMADAIRE

PAR

M. VALLON,

Vétérinaire de 1re classe, Directeur du haras d'étude de l'École impériale de cavalerie

PARIS,

LIBRAIRIE MILITAIRE,

J. DUMAINE, LIBRAIRE-ÉDITEUR DE L'EMPEREUR,

Rue et Passage Dauphine, 30.

—

1856

MINISTÈRE
de
LA GUERRE.

1re DIRECTION.
(*Personnel.*)

Bureau
de la cavalerie
et
des remontes.

Félicitations pour
un travail qu'il a ré-
digé sur l'histoire na-
turelle du dromadaire

Paris, le 4 février 1854.

MONSIEUR,

La Commission d'hygiène hippique, qui a été chargée d'examiner le travail que vous m'avez adressé et qui a pour objet l'*Histoire naturelle du dromadaire*, a émis l'opinion que ce travail est une œuvre recommandable qui se distingue par des renseignements instructifs et nouveaux sur le dromadaire ; qu'il renferme de précieux documents que les vétérinaires consulteront avec fruit lorsqu'ils auront à s'occuper, soit de l'éducation, soit du traitement des maladies de cet animal ; qu'enfin il y a lieu de l'insérer dans un des volumes publiés annuellement par la Commission d'hygiène.

Je m'empresse de vous transmettre cette opinion favorable en vous exprimant ma satisfaction particulière pour la direction utile que vous donnez à vos études, et je vous annonce que je vous accorde, à titre d'encouragement et pour vous indemniser de vos dépenses, une gratification de 1000 francs, qui vous sera payée par les soins de l'intendance militaire.

Dans l'intérêt de la science, je ne puis que vous engager à poursuivre des recherches que vous avez si heureusement commencées.

Recevez, Monsieur, l'assurance de ma parfaite considération,

Le Maréchal de France, Ministre Secrétaire d'État de la guerre,

Signé : SAINT-ARNAUD.

A M. VALLON, *vétérinaire de deuxième classe au haras de Mostaganem.*

MÉMOIRE

SUR

L'HISTOIRE NATURELLE DU DROMADAIRE

INTRODUCTION.

Utilité du dromadaire pour la France, suivant les époques.

1. Pendant très-longtemps, le dromadaire n'a été pour la France qu'un animal sans utilité pratique, qu'un simple objet de curiosité. On ne le voyait que dans nos grandes collections d'animaux étrangers, ou dans quelques ménageries ambulantes, et les notions qu'on avait sur ses mœurs, sur ses habitudes, sur les services qu'on peut en retirer, sur son organisation, sur le jeu de ses fonctions, etc., étaient peu étendues et souvent même entachées d'erreurs ou tout au moins d'exagérations. Lors de la mémorable campagne d'Egypte (1798-1801), le dromadaire rendit de grands services et fut l'objet des études pratiques et scientifiques de quelques hommes de l'époque. Depuis la conquête de l'Algérie, ce ruminant a acquis une haute importance, et aujourd'hui il mérite de prendre place dans l'histoire naturelle de nos animaux domestiques, entre le cheval et le bœuf. Sa sobriété, sa rusticité, sa force musculaire, la nature toute particulière de sa conformation, les services qu'il rend à notre armée et à notre agricul-

ture algériennes, tout en lui contribue à le rendre digne de nos soins et de nos études.

Auteurs anciens et modernes qui ont écrit sur le dromadaire.

2. Plusieurs auteurs anciens ont parlé du dromadaire sous le rapport de son histoire naturelle ou de son emploi à la guerre : Hérodote, Aristote, Pline, Xénophon, Diodore, César, etc., etc., lui ont consacré quelques pages dans leurs écrits. Des auteurs modernes se sont aussi occupés de cet animal : Buffon nous en a laissé une description pleine d'intérêt ; Daubenton a fait connaître quelques particularités relatives à son anatomie ; des voyageurs (Shaw, Manuol, Tavernier, etc.), ont parlé de sa sobriété, de sa résistance aux fatigues, etc. Depuis 1830, plusieurs membres de l'armée d'Afrique ont publié des rapports et des monographies sur le dromadaire. Parmi ces derniers, nous citerons en première ligne M. le général Carbuccia qui a traité la question militaire avec le plus grand talent et une parfaite connaissance de cause.

État actuel des connaissances.

3. Malgré ces travaux, l'histoire naturelle du dromadaire est loin d'être arrivée à la hauteur de celle de nos autres animaux domestiques. Les livres des anciens ne renferment que quelques passages relatifs à son organisation particulière ou aux services qu'on peut en retirer à l'armée. Les ouvrages des modernes, écrits, la plupart, d'après les notes ou les récits des voyages et par des hommes étrangers à la profession vétérinaire, ne font qu'effleurer les questions relatives à son anatomie, à sa physiologie, à sa pathologie, et encore ces questions sont souvent entachées d'erreurs et d'exagérations.

1° Anatomiques.

4. Les notions anatomiques dont nous leur sommes redevables sont très-incomplètes, et ce qui étonne le plus, c'est la dissidence qui règne dans leurs écrits, non-seulement sur la disposition, mais même sur le nombre des principaux organes du dromadaire. Ainsi, les uns, depuis Pline, répètent qu'il existe des poches

s'ouvrant dans la panse et contenant de grandes cellules qui paraissent servir de réservoir pour une partie de l'eau que l'animal boit et qui pourraient bien aussi en exhaler (Milne Edwards, *Eléments de zoologie,* page 433, tome 1er); les autres, avec Buffon, admettent la présence d'un cinquième estomac qu'ils appellent le *réservoir.*

2° Physiologiques.

5. En physiologie, les opinions des auteurs ne sont pas moins divergentes qu'en anatomie, et nos connaissances sont encore moins positives. Au dire des uns, le dromadaire ne boirait jamais (Adelon); d'après les autres (Buffon), il peut rester un mois sans boire, tandis que, selon quelques autres, on compromettrait gravement son existence, si on le laissait plus de trois ou quatre jours sans boissons et sans aliments (Shaw, général Daumas).

3° Pathologiques.

6. Personne, que nous sachions du moins, n'a fait connaître les maladies qui affectent le dromadaire; quelle est la manière spéciale d'agir des médicaments sur cette organisation singulière qui tient tout à la fois de celle des ruminants et de celle des pachydermes; quelles sont les règles de sa thérapeutique, etc., etc.

Nous n'avons pas la prétention de venir combler le vide qui existe sur tous ces points, et de mettre l'histoire naturelle du dromadaire à la hauteur de celle de nos autres animaux domestiques; mais nous pensons que les expériences et les recherches que nous avons faites depuis douze ans que nous sommes en Algérie pourront jeter quelques lumières sur tous ces points, et trouver place à côté des travaux déjà publiés. Nous pensons aussi que nos travaux seront utiles à ceux de nos collègues qui voudraient entreprendre des études et des recherches sur les dromadaires, et à ceux de nos colons qui voudraient se livrer à la production et à l'élève de ce ruminant.

2

Sources diverses auxquelles nous avons eu recours.

7. Pour l'exécution de ce travail, nous avons été privé des ressources précieuses que peut fournir une bonne bibliothèque scientifique, et nous avons dû borner nos recherches aux ouvrages qui sont à notre disposition; mais nous avons fréquemment mis à contribution des hommes pratiques et des personnes qui ont été à même de voir beaucoup et souvent des dromadaires. M. le chef du bureau arabe de Mostaganem a mis à notre disposition des chameaux des deux sexes et de tous les âges que nous avons conservés pendant plusieurs mois au haras, et sur lesquels nous avons pu étudier, à loisir, certains points de physiologie et d'éducation. Nous avons trouvé, au bataillon indigène de la division d'Oran, des nègres qui avaient fait le métier de chameliers dans l'intérieur de l'Afrique, et ces hommes nous ont fait connaître des particularités relatives à l'hygiène, à l'éducation, etc., du dromadaire dans leur pays. Nous nous sommes abouché avec des médecins de chameaux des Bordjia, des Alkerma, des Harar, des Ouled-Yacoub-Zerara, et nous avons recueilli de la bouche de ces chameliers des détails précieux sur les maladies des dromadaires, etc., etc. M. le chef d'escadron Nequeux, commandant supérieur du cercle de Fiaret, nous a fourni des notes et des renseignements sur les dromadaires du Sahara qu'il a si souvent habité et sur le Mahara. C'est lui aussi qui nous a procuré les sujets qui ont servi à nos expériences sur les médicaments et à nos études anatomiques. Enfin, nous avons emprunté à la notice de M. Jomart une partie des citations que nous avons faites sur l'emploi du dromadaire à la guerre par les anciens.

But que nous nous proposons.

8. Avant d'entrer en matière, nous devons dire qu'il sera question dans cet ouvrage du dromadaire élevé dans le Tell et dans le Sahara de nos possessions algériennes; que nous nous appesantirons surtout sur celui de la province d'Oran que nous habitons depuis longtemps et qui a été tout particulièrement l'objet de nos

études et de nos observations; que s'il nous arrive de sortir de nos possessions et de pénétrer au delà du Sahara ou dans d'autres contrées, ce ne sera que pour faire connaître les analogies et les différences qui peuvent exister entre nos dromadaires et ceux des autres pays. Nous devons dire aussi, qu'en notre qualité de vétérinaire, nous étudierons les dromadaires plutôt au point de vue de l'histoire naturelle qu'au point de vue des services qu'ils peuvent rendre dans l'armée (1).

Divisions de ce travail en trois parties.

Nous diviserons ce mémoire en trois parties.

La première sera consacrée à la description des caractères zoologiques, à l'éducation et à l'hygiène du dromadaire.

La deuxième traitera de son anatomie et de sa physiologie.

Dans la troisième, nous parlerons de sa pathologie et de sa thérapeuthique spéciale.

---

(1) La mission hippique que nous avons eu l'honneur de remplir tout récemment en Syrie, en Judée, etc., nous ayant mis à même d'étudier les dromadaires de ces contrées et des caravanes venant de la Perse, de la Turcomanie, de l'Arménie, de l'Egypte, nous ferons connaître en temps et lieu le résultat de nos recherches.

PREMIÈRE PARTIE.

Histoire naturelle, éducation, hygiène, usage et services divers.

Division de la première partie.

10. Nous diviserons la première partie de cet ouvrage en sept chapitres, dans lesquels nous traiterons :
1° Du genre chameau ;
2° De l'élevage et de la multiplication du dromadaire de bât ;
3° De son hygiène ;
4° De ses services ;
5° Des différences qu'il présente en Algérie ;
6° Des améliorations dont il devrait être l'objet ;
7° Un chapitre spécial sera consacré au mahari ou dromadaire de course.

CHAPITRE PREMIER.

Histoire naturelle du genre chameau (1).

A *Caractères zoologiques.*

Classification d'après Cuvier.

11. Le genre chameau appartient à l'ordre des ruminants, à la section des ruminants sans cornes et à la tribu des chameaux, qui se subdivise en deux genres : les chameaux proprement dits et les lamas (2).

Caractères de la tribu des caméliens.

12. Les chameaux sont, de tous les ruminants, ceux qui se rapprochent le plus des pachydermes, et qui pré-

---

(1) Chameau, du latin *camelus*, fait dans le même sens du grec καμηλος.
(2) Cuvier, *Règne animal*, t. 1er, p. 256.

sentent le plus d'anomalies. Ils ont six incisives inférieures, deux incisives supérieures , des canines à chaque mâchoire ; leurs molaires sont au nombre de vingt. Chez beaucoup de sujets, on voit encore des canines supplémentaires, tantôt aux deux mâchoires, tantôt à la mâchoire inférieure. Elles occupent l'espace compris entre les canines et les molaires. Leur dernière phalange est enchâssée dans un sabot rudimentaire, et la surface plantaire de leur pied n'est protégée que par une semelle de corne qui réunit les deux doigts. Leur lèvre supérieure est fendue en bec de lièvre et jouit d'une grande mobilité. Leur foie manque de vésicule biliaire. Il est peu de mammifères dont le corps soit aussi disgracieux et dont les jambes soient aussi peu en harmonie avec la masse qu'elles sont appelées à supporter. Leur dos est chargé d'une ou de deux loupes graisseuses. Leur tête est petite, mais lourde dans ses proportions. Ces animaux sont plus intelligents que les autres ruminants, ont des sens plus parfaits et sont susceptibles de plus de sobriété.

B. *Espèces.*

Deux espèces.

13. Le genre chameau renferme deux espèces : le chameau à deux bosses (*camelus bactrianus L.*) et le chameau à une seule bosse (*camelus dromedarius L.*).

Synonymie de la première espèce.

14. La première est aussi appelée chameau de la Bactriane, chameau turc, ou tout simplement chameau.

Synonymie de la deuxième espèce.

15. La seconde espèce porte encore les noms de chameau arabe et de dromadaire, mais, pour quelques personnes, la dénomination de dromadaire (1) s'applique à une variété particulièrement légère et propre à la course (2). Nous n'admettons pas cette distinction. Nous

---

(1) En latin *dromedarius*, fait du grec δρόμος, coureur.
(2) Diodore, L. ii, C. 54, L. iii, C. 43, L. xix, C. 37.

suivrons, dans ce travail, la division établie par Aristote et par Buffon, et nous appellerons dromadaire tout
chameau à une seule bosse ; seulement, pour distinguer
le dromadaire de bât de celui de course, nous nous ser-
virons du mot *mahari*, employé par les Arabes pour
désigner l'animal coureur, et sous lequel, du reste, il
est déjà connu en France.

C. *Caractères différentiels des caméliens.*

Chameau.

16. Le chameau a les formes plus lourdes et plus
massives que le dromadaire ; sa taille s'élève jusqu'à
2 mètres 30 centimètres ; il est éminemment propre au
bât, et on assure que les sujets les plus forts peuvent porter jusqu'à six et sept cents kilogrammes. Il marche assez facilement sur les terrains humides ; il supporte le
froid, mais il est moins sobre et moins dur à la fatigue
que le dromadaire ; son poil est abondant et de couleur
marron. Le chameau est employé, comme bête de somme, dans toute l'Asie centrale, la Syrie, la Perse, le
Thibet, dit Buffon. J'ai visité la Judée, la Syrie, j'ai vu
des caravanes venant de la Mésopotamie, de la Perse, et
j'affirme que nulle part, dans ces contrées, on ne rencontre des chameaux proprement dits ; partout j'ai vu
le dromadaire, c'est-à-dire l'animal à une seule bosse.

Dromadaire.

17. Le dromadaire est plus léger et moins grand que
le chameau ; il est moins fort, mais il est plus propre à
la selle et plus sobre. On le dit originaire de l'Arabie,
d'où il s'est répandu dans le nord de l'Afrique, dans le
Sénégal, dans la Syrie, dans la Perse, dans la partie oc-
cidentale de l'Asie, dans la Grèce, etc. Les individus de
cette espèce sont beaucoup plus nombreux que ceux de
l'autre. Ils occupent les neuf dixièmes de cette immense
zone qui s'étend depuis la Méditerranée jusqu'à la Chine,
et qui comprend une largeur de trois à quatre cents
lieues.

Buffon affirme que le chameau et le dromadaire se

mêlent, qu'ils produisent ensemble, et que les individus qui proviennent de cette race croisée sont ceux qui ont le plus de vigueur et qu'on préfère à tous les autres; que ces métis forment une race secondaire qui se multiplie pareillement et qui se mêle aussi avec les races premières (1).

D. *Le chameau est inconnu en Algérie.*

Citations.

18. Dans nos possessions africaines, le chameau est inconnu des Bédouins. **M. Moll**, dans son ouvrage sur la colonisation et l'agriculture de l'Algérie, et **M. Roset**, dans son livre sur la régence d'Alger, en avançant le contraire, ont commis une erreur qui a été relevée par **MM. Durand de la Malle, Flaubert** et **Carbuccia.** Nos observations personnelles et les renseignements que nous avons puisés auprès des *falebs* (savants), des chameliers du Tell, des hauts plateaux, du Sahara, auprès des nègres du royaume d'Havoussa, confirment tout à fait l'opinion de ces trois derniers auteurs.

E. *Introduction du dromadaire en Algérie.*

Son époque.

19. L'époque de l'introduction du dromadaire en Algérie est inconnue des Arabes et se perd dans la nuit des temps. Nous avons fait consulter les livres et les savants du pays sur ce point historique. Les livres n'en parlent pas, et les savants nous ont dit qu'il vient du Sahara, sans pouvoir désigner l'époque.

F. *Sa distribution sur le sol algérien.*

Elle est inégale suivant les contrées.

20. Quoi qu'il en soit, ce précieux animal est répandu depuis longtemps sur le sol Africain, et on est sûr de le rencontrer partout où il y a conformité entre la nature du terrain et son organisation, mais sa répartition est

----

(1) Buffon, art. chameau et dromadaire.

loin d'être égale sur tous les points. Elle présente, au contraire, de grandes différences, et il n'est pas sans intérêt de jeter un coup d'œil rapide sur ce point de géographie animale. En Algérie, comme dans tous les pays où la civilisation n'est pas très-avancée, où les animaux vivent à peu près à l'état de nature, où l'homme ne cherche pas à leur venir en aide, il existe une grande conformité entre la nature du sol, les mœurs des habitants, etc., et les espèces animales qu'on y trouve.

Distribution des animaux domestiques : 1° dans le Tell.

21. Dans le Tell (1), contrée accidentée, renfermant entre les chaînes de montagnes qui le parcourent de l'est à l'ouest des vallées, des bassins, des plaines à sol glaiseux, et habité par une population qui s'éloigne peu de ses silos, il y a peu de dromadaires, mais beaucoup de chevaux, de mulets, de bestiaux. Là, le cheval seul sert de monture au voyageur, au guerrier, et les hardes de la tribu sont portées à dos de mulet, de dromadaire ou de bœuf. Dans la province d'Oran, sur deux cent quinze tribus qui habitent le Tell, la population animale (statistique de 1853) est répartie ainsi qu'il suit : chevaux, 18,874, bœufs, 141,285, mulets, 7,855, dromadaires, 8,284, moutons, 926,847, chèvres, 440,071.

2° Sur les hauts plateaux.

22. Les tribus qui habitent les hauts plateaux (2), les environs des Chotts (3), s'éloignent davantage de leur campement, mais ne quittent pas les gras pâturages compris entre le Tell et le Sahara (4), comptent le droma-

---

(1) Le Tell est le pays compris entre la mer et le Sahara. Il embrasse une largeur de 80 lieues. Il est cultivé presque partout et possédé régulièrement.

(2) Les hauts plateaux sont les zones du Tell qui précèdent le Sahara, les points d'où les eaux se partagent pour se rendre, soit dans l'Océan au sud, soit dans la Méditerranée au nord.

(3) Les Chotts sont de vastes bassins, des lacs situés sur les hauts plateaux, dans lesquels les eaux pluviales se rassemblent en hiver. En été, ils sont presque tous à sec.

(4) Le Sahara est une contrée plate, très-vaste, où il n'y a que

daire au nombre de leurs principales richesses, ont aussi beaucoup de bœufs et de moutons, mais possèdent déjà peu de bœufs et de mulets. Les tribus du Djebel-Amour et la plupart de celles des cercles de Tiaret, de Saïda et de Sebdou, sont dans ce cas.

3° Dans le Sahara.

23. Si nous avançons plus avant dans le sud, si nous examinons les tribus qui habitent les environs d'Ouargla, de Lagouath, les chamba de Metlili, de Guéléa, qui font de fréquentes excursions, soit dans le Sahara, soit du côté du Tell, et qui, campant constamment sur des terrains sablonneux, ont besoin d'immenses parcours pour nourrir leurs troupeaux, nous voyons le chiffre des dromadaires augmenter considérablement, et, avec cette augmentation, nous notons une diminution très-grande du nombre des chevaux, et la disparition complète des grosses bêtes à cornes. Dans ces contrées, les chevaux, les mulets, les bœufs, et même les moutons, sont peu nombreux. Le dromadaire sert tout à la fois de bête de somme, de monture et de bête de boucherie (1).

4° Dans le désert.

24. Mais le véritable pays du dromadaire, celui pour lequel la nature l'a conformé, celui où il peut vivre seul parmi tous nos animaux domestiques, où il rend d'im-

---

peu d'habitants, et dont la plus grande partie est improductive et sablonneuse. On lui reconnaît trois parties : le Tiafi, le Kifar, le Falat.

Le Tiafi est l'oasis où la vie est restée auprès des sources, des puits, sous les palmiers et les arbres fruitiers.

Le Kifar, c'est la plaine sablonneuse et vide, mais qui, fécondée un moment par les pluies de l'hiver, se couvre d'herbes au printemps, et où les tribus nomades vont faire paître leurs chameaux, leurs bestiaux, etc.

Le Falat est l'immensité stérile et nue, la mer de sable dont les vagues éternelles, agitées aujourd'hui par le simoun, demain seront immobiles, et que sillonnent lentement les caravanes.

(1) Chez les soixante tribus qui habitent les hauts plateaux ou le Sahara, ainsi que la province d'Oran, la population animale est répartie ainsi qu'il suit :

Bœufs 21,161, moutons 1,262.444, chèvres 45,685, chevaux 5,678. mulets 80, chameaux 54.575.

menses services, c'est le désert. Là, son pied, simplement protégé par une semelle de corne, ne foulant qu'un terrain uni et sablonneux, est à l'abri des contusions auxquelles il est si souvent exposé ailleurs. Là aussi sa sobriété excessive le protége contre la rareté et la mauvaise qualité des eaux, et la puissance de ses forces digestives lui permet de se nourrir de végétaux qui ne seraient ni assez abondants, ni assez nutritifs pour tout autre animal domestique.

Les tribus pillardes qui vivent dans ces immenses solitudes possèdent bien quelques troupeaux de moutons, mais elles n'ont plus ni bœufs, ni mulets, ni chevaux. Elles élèvent des mahara qu'elles montent dans leurs expéditions contre les caravanes ou contre leurs voisins, et la chair du chameau est presque la seule dont elles se nourrissent.

G. *Races.*
Deux races en Algérie.

25. Il existe, sur notre territoire, deux races de dromadaires parfaitement distinctes, et par la conformation des animaux, et par la nature des services auxquels on les emploie. L'une est propre au bât, l'autre à la selle.

Leur origine commune d'après les Arabes.

26. Les Arabes du Tell disent que, dans le principe, ces deux races n'étaient pas distinctes, qu'elles se sont créées avec le temps, sous l'influence de l'éducation et de l'hygiène ; des chameliers prétendent même qu'on pourrait encore, à présent, transformer leurs lourds dromadaires en mahara, en les élevant de la même manière. Mais cette opinion est toute gratuite et n'est basée que sur un sot amour-propre. Aujourd'hui, et depuis bien des années, les différences qui existent entre le dromadaire de course et le dromadaire de charge sont si bien tranchées et si bien établies, qu'on parviendrait difficilement à les modifier. Il y a entre les mahara et les dromadaires de bât à peu près autant de différence qu'entre le cheval de course et le cheval de trait. Nous reviendrons sur cette question quand nous parlerons du mahari.

Noms qu'elles portent chez les Arabes.

27. Chacune de ces races a reçu un nom particulier chez les Arabes. Ils appellent *djemel* (1) l'animal de charge, et *mahari*, ou *mehari*, celui de course (2). Or, comme cette division est rationnelle, nous l'adopterons dans la description que nous allons donner de l'une et de l'autre race.

Ces deux races, de selle et de bât, existent aussi chez les Bédouins de l'Asie, mais seulement chez ceux qui vivent dans le désert. La grande tribu des Anezé en possède de très-beaux.

CHAPITRE II.

DU DROMADAIRE DE BAT.

Variétés, multiplication, élevage.

28. Le dromadaire de bât étant le plus utile pour nous, et presque le seul que nous ayons dans nos possessions africaines, attirera notre attention d'une manière toute particulière, et c'est par lui que nous commencerons.

Cette race existe sur tous les points de l'Algérie où la nature du sol a permis de l'introduire et de l'élever, et les Arabes de tous les pays apportent le plus grand soin à en augmenter le nombre. Elle offre partout les mêmes caractères, mais elle présente, dans le Tell et dans le sud, quelques légères différences de taille et de forme qui permettent de reconnaître deux variétés : celle du Tell et celle du Sahara.

1° VARIÉTÉS.

Variété du Tell.

29. Le dromadaire du Tell a une stature moins forte,

---

(1) En arabe *djemel* veut dire richesse du ciel.
(2) *Mahari* fait au pluriel *mahara* et au féminin *maharia.*

moins volumineuse que celui du sud ; sa taille s'élève
de 1 mètre 60 centimètres à 1 mètre 70 centimètres ; sa
charpente est solide, mais ses muscles sont faibles ; ses
membres sont grêles, surtout aux rayons inférieurs ;
son arrière-main manque de force ; sa constitution est
devenue lymphatique sous l'influence d'un climat moins
chaud et d'une nourriture, sinon abondante, du moins
suffisante pour le garantir, toute l'année, d'un trop long
jeûne. Les Arabes, ceux du sud surtout, font beaucoup
moins de cas des dromadaires du Tell que de ceux du
Sahara. Ils disent, avec raison, qu'ils sont moins rustiques, moins forts et moins sobres.

Variété du Sahara.

30. Sur les hauts plateaux, et surtout dans le Sahara,
le dromadaire est plus corsé, plus grand et plus fort ; il
a les membres plus solides et les articulations plus larges que dans le Tell. J'ai vu chez les Hamianes, les
Ouled-Nahr, les Ouled-Sidi-Scheikh, les Ouled-Yacoub-
Zerara, des dromadaires extraordinairement gros, d'une
taille prodigieuse, aux membres énormes, et d'une force
musculaire en rapport avec le développement de leurs
formes extérieures. Les dromadaires du Sahara sont
aussi plus intelligents, plus distingués et ont plus de
sang et de race. Ils se font remarquer surtout par leur
sobriété, leur rusticité, et par la facilité étonnante avec
laquelle ils supportent la fatigue. Cette variété est bien
supérieure à l'autre ; les caravanes la préfèrent de beaucoup pour leurs longs voyages à travers les sables du désert, et, dans les essais qui ont été faits par nos troupes,
on a remarqué aussi qu'elle vaut mieux que la variété
précédente. Les Arabes appellent les chameaux du Sahara *ouled-haïr*, ils les regardent comme la souche primitive des mahara.

2° MULTIPLICATION.

A. *Du rut.*

Époque de l'année où il se déclare.

31. Le dromadaire entre en chaleur à l'époque où
aux froids, aux neiges, aux pluies de l'hiver, a succédé

une température plus douce, et lorsque la végétation commence à se montrer. Les chaleurs apparaissent un peu plus tôt chez la femelle (1) que chez le mâle, un peu plus tôt dans le Tell que dans le Sahara. Elles commencent en décembre et en janvier et finissent en avril. Elles s'accompagnent, chez le mâle surtout, de phénomènes curieux et dignes d'être mentionnés ici.

Modifications qu'il imprime au caractère du mâle.

32. Le mâle, doux et calme en temps ordinaire, devient triste, inquiet, taquin, pousse des cris modulés d'une façon particulière, se rapproche de la femelle, l'agace et cherche à la mordre ; ses yeux s'enflamment ; son appétit diminue ; il devient difficile à conduire ; il obéit difficilement au chamelier, et, pour peu qu'on le contrarie, il cherche à mordre ou à donner des coups de pied. Lorsqu'il y a plusieurs mâles dans le troupeau, ils se livrent des combats acharnés, et qui ne finissent que lorsque les plus faibles ont cédé la place aux plus forts. Chez quelques individus, le paroxysme amoureux arrive à un tel point qu'ils se jettent sur les femelles, les terrassent et les déchirent à belles dents, si elles s'opposent à leurs désirs. Il n'est même pas rare de voir des dromadaires se précipiter sur leurs chameliers, les frapper et les mordre. Nous avons vu, il y a deux ans, un Arabe qui avait eu le bras broyé par la morsure d'un dromadaire en rut ; et M. le Dr Marquez nous a dit avoir été appelé, à Tunis, à donner des soins à un Arabe blessé grièvement par un dromadaire dans le même cas. Des exemples de ce genre sont malheureusement assez nombreux en Afrique. M. le général Carbuccia assure que deux applications de goudron sur la tête suffisent pour arrêter cet excès amoureux (2). Si ce fait était vrai, dans tous les cas, le goudron rendrait de grands services, mais, malheureusement, il n'en est pas toujours ainsi ; notre expérience personnelle et les ren-

---

(1) La femelle du dromadaire s'appelle *naga* en arabe.
(2) Du dromadaire, p. 7.

seignements qui nous ont été fournis par les Arabes ne
sont pas d'accord avec le fait avancé par l'auteur que
nous venons de citer.

Tuméfaction du voile du palais.

33. Chez beaucoup d'individus, on voit sortir de la
bouche, à l'époque du rut, un lambeau de chair qui
dépasse la commissure des lèvres de 1 à 2 décimètres,
et qui n'est autre chose que le voile du palais qui se tuméfie et prend des proportions insolites. A la même
époque, disent les Arabes, la partie supérieure de l'encolure et la tête sont le siége d'une sécrétion noirâtre qui
exhale une odeur très-forte, et le degré de cette sécrétion est en raison directe du degré du paroxysme amoureux. Le général Carbuccia a avancé le même fait.
Nous n'avons jamais observé cette sécrétion, et les recherches anatomiques que nous avons faites pour découvrir l'appareil glanduleux qui lui donnerait naissance ont été vaines. Néanmoins nous croyons à l'existence de cette sécrétion, et nous ajouterons aux preuves
qui précèdent la note suivante que nous devons à M. le
commandant Niqueux : « Le suintement au-dessus de la
nuque *est un fait* incontestable et incontesté chez les
Arabes du sud : je l'ai observé de mes yeux. Il augmente, soit dans la saison du rut, soit quand les dromadaires sont soumis à un grand travail, ou bien encore quand la température est très-élevée. Cette sécrétion s'observe dans les deux sexes: elle est plus forte
chez les mâles. » Une autre modification physiologique
qu'on observe encore à cette époque, c'est que les produits exhalés par la peau et surtout par la bouche
ont une odeur très-forte, *sui generis,* qui fait facilement
reconnaître l'état de ces animaux.

Modifications qu'il imprime au caractère de la chamelle.

34. Chez la naga, les changements qui surviennent
pendant le rut sont moins intenses. Elle ne se livre jamais aux emportements dont nous avons parlé ; son
voile du palais ne fait point saillie en dehors ; ses pro-

duits des sécrétions cutanée et pulmonaire n'exhalent pas une odeur aussi forte, et la sécrétion occipitale est moins abondante.

Age auquel les dromadaires entrent en chaleur

35. Les premières chaleurs apparaissent à trois ans et demi chez le mâle; six mois plus tard chez la femelle. Quelques propriétaires leur permettent de s'accoupler à cet âge, mais la plupart attendent que les femelles aient quatre ans et les mâles cinq. C'est de six à douze ans que les dromadaires sont le plus aptes à la reproduction. Le mâle peut remplir le rôle d'étalon jusqu'à dix-huit ou vingt ans, mais généralement on n'attend pas jusqu'à cet âge, parce qu'il devient trop méchant. La naga donne rarement des produits audelà de vingt ou vingt-deux ans.

B. *De l'accouplement.*
De quelle manière se fait la monte.

36. La monte a lieu en liberté dans les pâturages. Elle se fait d'une manière particulière, et nous en ferons connaître le mécanisme au chapitre consacré à la physiologie de cet acte. Lorsque le chamelier est présent, il en facilite l'accomplissement en introduisant lui-même le pénis dans le vagin, mais sa participation n'est pas indispensable, car ces animaux s'accouplent facilement seuls. Il n'y a d'exception à cette règle que pour les femelles vierges, que le pâtre est obligé de faire coucher et de tenir dans cette position jusqu'à la fin de l'accouplement.

Nombre de femelles qu'on peut donner à l'étalon.

37. Les chameaux sont des géniteurs ardents : ils peuvent faire, sans être fatigués, deux ou même trois saillies tous les jours. Un étalon pourrait saillir quatre-vingts chamelles dans la saison de la monte, mais, pour ne pas le fatiguer, on ne lui en donne que quarante ou quarante-cinq au plus.

C. *Gestation.*
Sa durée.

38. La durée de la gestation est de douze mois. Les

chameliers affirment qu'un an après l'accouplement, jour pour jour, le produit vient au monde. Nos observations personnelles nous portent à croire que cette opinion est trop absolue, et nous possédons des faits qui nous permettent d'affirmer que la gestation peut être avancée ou retardée de vingt jours ou même d'un mois.

Soins qu'on donne aux chamelles pleines.

39. Chez les Arabes pauvres, les femelles ne reçoivent aucun soin pendant la gestation : elles travaillent jusqu'au jour de mise bas. Chez les riches, au contraire, elles cessent de travailler à partir du huitième mois. Avant notre occupation, elles restaient dans les pâturages tout le temps de la gestation, mais depuis une quinzaine d'années il n'en est pas ainsi.

Les nayas ne sont saillies que tous les deux ans.

40. Les femelles redeviennent en chaleur peu de jours après le part, et pourraient, par conséquent, donner un produit chaque année ; mais cela les fatiguerait beaucoup. On est dans l'habitude de leur laisser une année de repos et de ne les livrer à l'étalon que tous les deux ans.

Signes qui indiquent la grossesse.

41. Les signes qui indiquent qu'une chamelle est pleine sont assez difficiles à saisir pendant les premiers mois de la gestation. A partir du huitième mois, le ventre prend du volume, s'avale, et ces changements augmentent petit à petit ; mais à aucune époque de la grossesse l'abdomen ne présente ni le développement ni la forme de celui des autres grandes femelles domestiques. Quinze jours ou trois semaines avant la mise bas, les mamelles s'allongent, un œdème apparaît sous le ventre, puis les lèvres de la vulve se tuméfient, etc.

D. *Avortement.*

Causes de sa fréquence.

42. Les avortements sont fréquents chez les nagas, et reconnaissent rarement pour cause un vice de confor-

mation. Le plus souvent, ils sont produits par des accidents, tels que charges trop lourdes, coups sur les parois abdominales, vicissitudes atmosphériques, nourriture insuffisante, introduction d'une trop grande quantité d'eau dans l'estomac. Mais la cause la plus puissante de l'avortement, c'est la piqûre des mouches que les Arabes appellent *debabe*, et que nous connaissons sous le nom de *stomaxe* piquant : la piqûre du *debabe*, comme nous le verrons dans la troisième partie de ce travail, produit une sensation si pénible, que les femelles se jettent par terre et se roulent comme dans les coliques les plus violentes. Lorsque les piqûres sont nombreuses, on est porté à croire que le venin déposé dans la plaie passe dans le torrent circulatoire, arrive jusqu'au fœtus et produit son empoisonnement. M. le général Carbuccia (*loco citato*) raconte qu'à Tiaret, l'équipage de *Tittery* en a compté quinze cas en vingt jours.

E *Mise bas.*

Époque de l'année où elle a lieu.

43. La mise bas a lieu du mois de décembre au mois d'avril, suivant les contrées. La chamelle se couche pour mettre bas, et prend tantôt l'attitude qu'elle a quand on veut la charger, tantôt elle se couche sur le côté. Le part est facile, et rarement l'homme est appelé à venir en aide à la nature. Lorsque le pâtre est présent à l'accouchement, il déchire les enveloppes fœtales et fait la ligature du cordon. En son absence, la chamelle se charge de ce soin.

Soins donnés à la chamelle.

44. Après le part, la naga reste plusieurs jours auprès du douair. On l'y nourrit, et elle ne retourne au pâturage que lorsque le nouveau-né est assez fort pour téter et pour marcher seul.

F *Soins donnés au dromadaire pendant la première année.*

Soins donnés pendant les premiers jours.

45. Dans le Tell, on sèche avec un linge, on couvre

avec une ceinture de laine l'animal qui vient de naître ; dans le sud, on le roule dans le sable chaud. Comme il est rarement assez fort pour se tenir debout, on le porte auprès des mamelles de sa mère et on le soutient pour le faire téter. On le met sous la tente pour le préserver du froid. Ces soins durent de vingt à vingt-cinq jours. Dès qu'il peut marcher et téter seul, on l'envoie avec sa mère aux pâturages.

Causes des mortalités qu'on observe peu de temps après la naissance.

46. En venant au monde, les petits dromadaires sont, en général, bien conformés ; mais la plupart sont faibles, chétifs, et si la saison n'est pas très-favorable, ou si l'on ne les entoure pas de quelques soins, il en meurt beaucoup, peu de jours après leur naissance. Il faut attribuer ces mortalités : 1° aux vicissitudes atmosphériques : lorsque les animaux viennent au monde pendant les froids, les pluies, les neiges de l'hiver, ils sont exposés à des refroidissements constants, ils contractent des affections gastro – intestinales, la diarrhée, etc., et ils meurent au bout de peu de jours ; 2° au manque de nourriture : si le dromadaire naît avant que la terre ne soit couverte d'herbes, sa mère n'a souvent pas assez de lait pour le nourrir, ou son lait est de mauvaise qualité ; 3° aux piqûres des mouches : les Arabes attribuent à la piqûre du debabe la majeure partie des mortalités qui règnent sur les jeunes dromadaires, et voici comment ils les expliquent : lorsque les nagas ont été piquées par un grand nombre de mouches, le venin qu'elles ont déposé dans les plaies passe dans le torrent de la circulation, arrive jusqu'au fœtus, arrête son développement et le rend malade ; si l'empoisonnement n'a pas été assez fort pour produire l'avortement, la mise bas a lieu au terme de la gestation ; mais le jeune sujet, dans les veines duquel circule le venin, est faible, malade, ne peut résister aux conditions atmosphériques qui l'entourent, et il meurt au bout de quelques jours. Nous nous contenterons de produire cette opinion, sans la commenter et sans y attacher plus d'importance qu'elle n'en mérite.

Pour prévenir les mortalités qui sont les suites de ces trois ordres de causes, les Arabes ont soin de faire émigrer leurs troupeaux. Ceux des hauts plateaux les amènent dans le Tell, et ceux du sud s'enfoncent plus avant dans le Sahara.

Opinion de Shaw sur la cécité des jeunes dromadaires.

47. Le Dr Shaw raconte, sur le dire des Arabes, que les jeunes dromadaires sont aveugles les premiers jours de leur naissance, comme les chiens (1); c'est une erreur. J'ai eu l'occasion de voir plusieurs dromadaires le jour ou le lendemain de leur naissance, et j'affirme qu'ils avaient les yeux ouverts et qu'ils y voyaient très-bien.

Attachement de la naga pour son produit.

48. La chamelle nourrice aime beaucoup son produit; elle le comble de soins et de caresses; elle veille constamment sur lui; et, si on le lui enlève, ou si elle vient à le perdre, elle pousse des cris déchirants, refuse de manger et maigrit très-vite. Le jeune dromadaire a aussi un très-grand attachement pour sa mère.

G *Allaitement.*
Sa durée.

49. L'allaitement du dromadaire est de onze ou douze mois dans le Tell, et de douze ou treize mois dans le Sahara. Pendant sa durée, le jeune sujet suit sa mère dans les champs ou l'accompagne dans les courses qu'elle fait. Trente ou quarante jours après sa naissance, il commence à brouter l'herbe tendre, mais il n'est en état de se passer du lait de sa mère que le huitième ou le neuvième mois.

Quantité de lait que donnent les chamelles.

50. Les nagas sont excellentes laitières. Dans le Sahara, où les Bedoins font un très-grand usage du lait de chamelle pour leur nourriture personnelle ou pour

---

(1) *Voyage de Shaw*, t. v.

celle de leurs poulains, on ne laisse que deux trayons au petit. Les deux autres sont réservés aux besoins domestiques, et on assure qu'ils donnent encore de huit à dix litres de lait par jour. Dans le Tell, où le lait ne sert ni à la nourriture de l'homme, ni à celle du cheval, le jeune dromadaire le consomme complétement.

II *Soins pendant la deuxième année.*

Ils sont à peu près nuls.

51. Pendant la deuxième année, le jeune dromadaire ne reçoit aucun soin de la part de son maître. Il vit dans les pâturages avec sa mère, et il l'accompagne dans les courses qu'elle fait. Petit à petit il s'habitue à se passer d'elle, et son sevrage se fait sans que l'homme y prenne la moindre participation.

I *Soins pendant la troisième année.*

Éducation.

52. La troisième année, la nourriture du jeune dromadaire est toute végétale, et c'est alors que commence son éducation qui est plus étendue, plus complète que celles des autres animaux domestiques. Chaque propriétaire de chameaux connaît la manière de les dresser et de les instruire; mais il y a dans les tribus, chez les chefs Arabes, chez les riches propriétaires, des hommes qui exercent la profession de chamelier, et auxquels sont confiées l'éducation et la conduite des dromadaires. Cette éducation exige beaucoup de ménagements et de patience, car le moindre emportement peut faire perdre le fruit de plusieurs leçons, et exaspérer le caractère d'un animal que la moindre contrariété suffit pour rendre difficile, et qui, une fois agacé, se livre à des emportements et à des accès de colère qui le rendent intraitable.

J *Dressage.*

Comment on apprend au dromadaire : 1° à se coucher.

Le chamelier apprend au dromadaire à se coucher,

à se lever, à se mettre en route, à s'arrêter au son de la voix.

53. Pour lui apprendre à se coucher, il saisit l'animal par la houppe de poils qu'il porte au menton, et il exerce une traction qui produit une douleur vive ; le frappe à l'avant-bras, au genou, avec un petit bâton, et, en même temps, il fait entendre un cri d'une nature particulière, assez semblable à celui produit par les mots *chrr! chrr! chrr!* prononcés du fond du gosier et répétés jusqu'à ce que l'animal obéisse. Au fur et à mesure que l'élève profite de la leçon, la traction sur la barbe devient de moins en moins forte. Enfin, il arrive un moment où il n'est plus besoin de l'exercer, et où l'animal obéit à la simple pression de la main sur l'encolure, sur l'épaule, et même au son de la voix. Mais, quel que soit le degré d'obéissance auquel on amène le dromadaire, il ne se couche jamais sans faire entendre des cris rauques et perçants, qui témoignent de son mécontentement.

Une fois couché, le dromadaire ne doit quitter cette attitude que quand il en reçoit l'ordre de son conducteur. Or, comme elle ne laisse pas d'être fatigante au bout d'un certain temps, on l'oblige à la conserver en lui attachant les canons aux avant-bras avec une corde en alfa ou en poils de chameau. Chez les animaux dont le dressage est parfait, cette précaution n'est pas nécessaire.

2° A se lever.

54. Pour faire lever le dromadaire, le chamelier prononce plusieurs fois le mot *heusse! heusse!* du bout des lèvres, agite son burnous ou le frappe légèrement avec son bâton. Une fois debout, l'animal doit attendre un commandement particulier pour se mettre en marche.

3° A se mettre en route.

55. L'ordre du départ consiste encore à prononcer plusieurs fois un cri modulé d'une manière toute particulière et prononcé du bout des lèvres.

4° A s'arrêter.

56. Pour lui apprendre à s'arrêter, son conducteur lui crie : *ch! ch! ch!* en même temps, un aide lui barre le passage et s'oppose à sa marche. Si le dromadaire est monté, pour lui apprendre à s'arrêter et s'accroupir dès que le chamelier lui crie : *ch! ch! ch!* un homme lui frappe sur le genou au moment où le cri part et jusqu'à ce que le cri seul obtienne obéissance.

Le dressage du dromadaire demanderait beaucoup de temps, s'il avait lieu sur chaque animal isolément. Mais, pour en abréger la durée, le chamelier place les jeunes dromadaires au milieu d'un troupeau déjà dressé, obéissant à la voix, et, par l'imitation, il obtient plus que par ses leçons.

Comment on l'habitue à porter le bât.

57. Là ne se borne pas l'éducation du dromadaire. Pour habituer son dos à porter le bât, à ne pas se blesser, à acquérir une grande force, dès l'âge de deux ans et demi, ou trois ans, on lui met un bât sur le dos et on l'oblige à le conserver pendant plusieurs jours. Puis on le charge en ayant soin de ne mettre d'abord que de petits fardeaux qu'on augmente petit à petit, et jusqu'à ce qu'on ait atteint un chiffre considérable.

Soins qu'exige le dressage.

58. La clef du dressage du dromadaire consiste dans la douceur et la patience. Les Arabes excellent sous ce rapport ; aussi, obtiennent-ils facilement ce qu'ils demandent. Les tribus du Sud, surtout, dressent très-bien les dromadaires ; celles qu'on cite en première ligne sont : les Harar, les Ouled-Yacoubzerara, les Ouled-sidi-Cheick, les Ouled-Mimoun, etc., etc. Les tribus telliennes des Bordjia, les Aherma, les Douairs, etc., etc., ont aussi des animaux parfaitement dressés. Les Français, avec leur caractère vif, emporté, parviennent plus difficilement à bien dresser ces animaux. Lors des essais tentés en 1843, 1844, les soldats qui battaient leurs dromadaires n'en obtenaient rien, tandis que ceux qui

les prenaient par la douceur leur faisaient exécuter toute
sorte de mouvements.

Telle est l'éducation du dromadaire de bât dans le
sud et dans le Tell. Les femelles en reçoivent les bons
effets beaucoup plus tôt que les mâles, surtout que ceux
qui sont entiers. Ceux du Sahara sont aussi plus faciles
à dresser que ceux du Tell.

Si nous nous sommes appesanti autant sur ce point
de l'élève du dromadaire, c'est parce que du bon ou du
mauvais dressage, dépendent, en grande partie, les
succès, la somme de services qu'on en retire. Le général
en chef de l'armée d'Orient l'avait compris ainsi. Aussi,
avait-il choisi pour composer son régiment des dromadaires, des hommes d'élite pris parmi les plus intelligents, et avait-il ordonné qu'aucun animal ne fût
admis dans les rangs qu'après un bon dressage.

K Castration.

A. Castration des mâles. — Procédés divers.

59. A. *Castration des mâles*. La plupart des tribus
du Sahara, celles surtout qui tiennent à la pureté et
à l'amélioration de leurs dromadaires, châtrent ceux
qui ne leur paraissent pas avoir assez d'avenir pour
faire des pères, et ne réservent généralement qu'un étalon pour quarante chamelles (1). Les tribus du Tell
sont moins soigneuses ; aussi, voit-on, chez elles, un
grand nombre de ces animaux, indignes de remplir le
rôle d'étalons, paître pêle-mêle avec des chamelles. La
castration du dromadaire se fait de plusieurs manières :
1º dans certains pays, l'animal est hongre par l'abla-
tion des testicules, découverts de leurs enveloppes, et
par la cautérisation du cordon au moyen d'un fer
rouge ; 2º dans d'autres contrées, l'opérateur ne brûle
pas le cordon, mais il en fait la ligature à deux travers

____

(1) Les Africains, et tous ceux qui veulent avoir de bons chameaux
de charge, les hongrent et n'en laissent qu'un entier pour 10 femelles.
L'Afrique, de Marmol, t. 1ᵉʳ, p. 48.

de doigt au-dessus de l'épididyme , puis il jette dans la plaie un mélange de poivre, de sel, de miel, de goudron et de beurre ; 3° mais le procédé le plus répandu est celui qui consiste à détruire le testicule par l'introduction d'un fer rouge dans la substance de l'organe et sur plusieurs points. Ce procédé réussit, mais, évidemment, il n'est pas le plus rationnel. Nous préférons le premier, et nous y aurons recours toutes les fois que l'occasion s'en présentera.

La castration à l'aide des casseaux ne saurait être utilement employée chez le dromadaire. La position des testicules au-dessous de la crête ischiale, le tiraillement constant que leur imprimerait le mouvement des membres rendent facilement raison de ce fait.

Quel que soit le moyen employé, l'opération a toujours lieu l'animal étant couché, entravé des quatre membres, et la tête ramenée vers les parties postérieures du corps au moyen d'une corde à nœud coulant , qui réunit les deux mâchoires et empêche l'animal de mordre.

Age auquel on châtre les dromadaires.

60. Les Arabes châtrent les dromadaires dans le courant de leur troisième année. Ils choisissent le printemps de préférence à toute autre saison. Ils ont grand soin de ne jamais pratiquer cette opération dans les mois où les taons exercent leurs ravages sur les dromadaires.

Les peuples de l'Asie châtrent très-rarement les dromadaires. Dans mes excursions en Syrie, en Judée, à Smyrne, etc., etc., je n'ai pas vu un seul dromadaire hongre, et c'est en grande partie à cela que j'attribue le développement plus considérable de taille, de forces, etc., dont jouissent les dromadaires de ces contrées, comparés à ceux de nos possessions africaines.

Effets de la castration.

61. La castration, quoiqu'on ait dit le contraire, enlève aux dromadaires une partie de leurs forces, et la preuve la plus incontestable en est dans ce que je viens de

dire à propos des dromadaires de l'Orient ; mais elle
les rend plus dociles , plus aptes à être employés aux
services auxquels on les destine , et à l'engraissement.
Sans cette opération, à l'époque du rut, un grand nombre de sujets ne pourraient être utilisés , seraient difficiles à conduire et souvent même dangereux pour
l'homme (1).

B *Castration des chamelles.*

Auteurs qui en parlent : Pline.

62. B. *Castration des chamelles.* — On trouve dans
Pline le passage suivant : « L'Orient élève, entre autres
« animaux domestiques, des chameaux de deux espèces :
« ceux de la Bactriane et ceux de l'Arabie. Tout le
« monde en use comme des chevaux, et, dans les com-
« bats, on en forme une cavalerie. On a imaginé de
« châtrer les femelles qui sont destinées pour la guerre,
« afin de les rendre plus robustes (2). » C'est sans doute
ce passage qui a fait dire à Buffon : « Il y a des endroits
« où l'on soumet une grande partie des femelles,
« comme les mâles, à la castration, afin de les faire tra-
« vailler, et l'on prétend que cette opération , loin de
« diminuer leurs forces, ne fait qu'augmenter leur vi-
« gueur et leur embonpoint. »

Elle est inconnue en Algérie.

63. Si la castration des chamelles a jamais eu lieu en
Orient, à coup sûr, elle n'est plus pratiquée, et ne l'a peut-
être jamais été en Afrique , car il n'en est fait mention

---

(1) Les dromadaires entiers sont en général d'un mauvais service
dans les caravanes ; ils sont incontestablement plus forts que les animaux hongres de leur espèce ; mais les causes d'excitation au milieu
desquelles ils se trouvent placés, dans les conditions posées plus haut,
les tiennent dans une agitation continuelle qui les affaiblit en peu de
temps, et les rend d'un mauvais service : c'est pourquoi la castration
est si commune dans le sud sur les dromadaires.

(*Note communiquée par M. le commandant Niqueux.*)

(2) Camelos inter jumenta pascit Oriens, quorum duo genera, Bac-
triani et Arabici... Omnes autem jumentorum in iis terris dorsa funguntur, atque etiam equitantur in præliis... Castrandi genus etiam
fœminas præparantur inventum est : fortiores ita fiunt coïtu negato.

dans aucun livre arabe, et les savants et les chameliers du pays, que nous avons interrogés, nous ont répondu qu'elle est inconnue parmi les Arabes. Notre demande les a même beaucoup étonnés. Ainsi donc, et jusqu'à preuve du contraire, nous sommes autorisé à nier la castration des chamelles dans nos possessions et même dans l'intérieur de l'Afrique.

L *Soins donnés la quatrième et la cinquième année.*

A l'âge de 4 ans, le dromadaire est très-apte à rendre des services; mais il n'est pas tout à fait arrivé à son complet développement, à son maximum de forces, et on ne peut encore le soumettre qu'à des travaux légers, De 5 à 7 ans, il termine son accroissement, et il devient apte aux divers services auxquels on l'emploie. Les dromadaires peuvent faire un bon service pendant 20 ou 22 ans.

CHAPITRE III.

HYGIÈNE.

Nourriture, boissons, harnachement, soins.

Plus que tout autre animal domestique, le dromadaire vit dans l'oubli des règles de l'hygiène, est exposé à toutes les vicissitudes atmosphériques et est obligé de se contenter des ressources que la nature lui fournit. Nous nous occuperons, dans ce chapitre, de la nourriture, des boissons, du harnachement et des soins dont il est l'objet chez les Arabes, au point de vue de l'hygiène; et, dans une autre partie de ce mémoire, nous étudierons ces questions au point de vue de la physiologie.

1° NOURRITURE.

A part quelques cas exceptionnels, les Arabes ne font aucune provision d'aliments pour leurs dromadaires, ces animaux sont obligés de se contenter des aliments qu'ils trouvent dans les champs. De là, la plupart des maladies qui affectent les dromadaires et dont nous parlerons dans la troisième partie de ce travail.

1º Dans le Tell.

64. Dans le Tell, du mois de janvier au mois de juin, les dromadaires trouvent une végétation abondante qui leur fournit une nourriture copieuse; ils paissent dans de riches pâturages, et ils ne tardent pas à réparer les pertes qu'ils ont faites dans les saisons précédentes, à prendre de l'embonpoint et même à s'engraisser. Du mois de juillet au mois d'octobre, leur nourriture se réduit aux quelques brins d'herbe qui résistent à l'action dévorante du soleil, au dys (1), à l'alfa (2), au guétaf (3), etc. Pendant la saison des pluies et de l'hiver, ils sont bien plus malheureux encore ; les feuilles d'arbres, les glands, le dys, l'alfa, composent leur nourriture ; aussi, faut-il voir combien grandes sont les pertes faites par les Arabes dans les années où les hivers sont longs et rigoureux !

2º Sur les hauts plateaux.

65. Sur les hauts plateaux, où il tombe souvent de la neige, où le pays est déboisé, les Arabes, pour éviter la disette de l'hiver et les pertes qui en sont la conséquence, font émigrer leurs dromadaires et ne rentrent dans leur pays qu'après que le sol s'est couvert de gras pâturages. Les Arabes de ces contrées se rapprochent du littoral, et moyennant un impôt, ils obtiennent le droit de pâture sur des terrains appartenant à d'autres tribus. Ainsi, dans la province d'Oran, les Bedouins qui campent au delà de nos avant-postes, Fiaret, Saïda, Sebdou, etc., descendent dans les plaines de la Mina, de l'Habra, d'Eghris, de la Meckerra, sur les plateaux de Tlemcen, etc., et ils y font paître leurs troupeaux du

---

(1) Arundo festucoides.
(2) Festuca tenacissima, id.
(3) Atriplex alimus.

mois de novembre au mois d'avril. Au commencement de mai ils retournent dans leurs campements respectifs.

3° Dans le Sahara.

66. Les tribus qui habitent au delà des hauts plateaux, émigrent aussi pendant la mauvaise saison, mais leurs émigrations se font du côté du sud, dans le Sahara. Or, comme elles possèdent d'immenses troupeaux de chameaux et de moutons, et que les productions du sol ne sont pas très-considérables, elles sont forcées d'être presque toujours en route, et de parcourir d'immenses étendues de terrain. Quelques-unes d'entre elles se portent jusqu'à 200 lieues au delà de leurs campements naturels.

Ce que nous venons de dire sur la manière de nourrir les dromadaires en Algérie s'applique aussi à l'Egypte, à la Syrie, à la Perse, etc., etc.

Manière de faire paître les chameaux.

Heures de la journée auxquelles on fait paître les dromadaires.

Les dromadaires paissent en liberté dans les pâturages, mais les heures auxquelles on les y envoie varient suivant les contrées et les saisons.

1° Dans le Tell.

67. Dans le Tell, où les troupeaux sont peu nombreux, on les envoie aux champs sous la conduite d'un pâtre. En été, ils quittent le douair de très-bonne heure, et ils y rentrent aussitôt que les chaleurs deviennent fortes et que les debabes (1) cherchent à les inquiéter. Vers les trois ou quatre heures de l'après-midi on les y reconduit, et ils y restent plus ou moins avant dans la nuit.

En hiver, les dromadaires sont conduits aux pâturages au lever, et ils ne rentrent qu'au coucher du soleil.

Au printemps, on procède comme en été, et en automne comme en hiver.

---

(1) Les taons.

2° Dans le Sahara.

68. Dans le désert, où les troupeaux de dromadaires sont immenses, ils ne paissent pas confusément. Ils sont divisés par groupes de 100, et chacun de ces groupes prend le nom d'*Ibel*. Il est confié à la garde d'un chamelier. Les heures auxquelles on conduit les animaux aux pâturages diffèrent peu de celles que nous venons d'indiquer.

Manières de faire paître.

69. Les dromadaires paissent tantôt en liberté, tantôt ils sont entravés des membres antérieurs. Dans ce cas, les mouvements sont très-bornés, et les animaux ne peuvent se porter qu'à de faibles distances.

Est-il préférable de faire paître les dromadaires le jour ou la nuit?

70. Une question qui n'est pas sans intérêt pratique, c'est de savoir si les dromadaires doivent paître pendant le jour ou pendant la nuit. Les opinions des Arabes sont complétement divisées sur ce point. Les tribus des plaines de l'Habra, de la Mina, les Harar, les Ouled, Yacoub, Zerara, etc., ne conduisent leurs dromadaires dans les pâturages qu'après la disparition de la rosée. Elles attribuent à la fraîcheur des nuits, à la rosée qui couvre les plantes, les nombreux cas de coliques, d'entérite, dont sont atteints ces animaux dans les pâturages. D'autres tribus, telles que les Rhaman, les Bou-Aïch, etc., au contraire, pensent que la nuit est le moment le plus favorable pour faire paître, et que la rosée n'influe en rien sur leur santé. Notre opinion, basée et sur les faits pratiques que nous avons observés, et d'après l'organisation du dromadaire, est qu'il vaut mieux ne conduire les dromadaires aux pâturages qu'après la disparition de la rosée. Cependant, il convient de n'être pas trop exclusif, car, en été, lorsque les chaleurs du jour sont excessives, les rosées peu abondantes, et les nuits plutôt fraîches que froides, mieux vaut faire paître la nuit que le jour.

Nourriture des dromadaires en voyage.

Précautions à prendre en route.

71. Les animaux qui voyagent doivent être conduits pêle-mêle et embrasser une grande étendue de terrain, afin de leur permettre de prendre, en marchant, les plantes qu'ils rencontrent sur leur route. Quand les Arabes traversent un pays riche en pâturages, s'ils ne sont pas sûrs de trouver, le soir, une bonne nourriture ou d'arriver de bonne heure à l'étape, ils ralentissent l'allure de leurs dromadaires pour leur permettre de prendre leur nourriture. Ils rattrapent ensuite la distance qu'ils ont perdue en allongeant l'allure. Tout dromadaire sobre doit pouvoir se nourrir et même s'entretenir en bon état en prenant ainsi ses repas. Une fois arrivés au bivouac, et après qu'on les a débarrassés de leur charge, les dromadaires sont conduits dans les champs où ils restent une partie de la nuit à paître. Abondante ou non, cette nourriture doit leur suffire et jamais les Arabes ne leur en donnent d'autre.

Nourriture des chameaux en caravane.

Ordre de marche des caravanes.

72. Les dromadaires qui font partie des caravanes se rendant dans l'intérieur de l'Afrique, marchent aussi sur une grande échelle. Là, plus que partout ailleurs, la nourriture est parcimonieuse, peu abondante, et il importe que les animaux ne laissent rien échapper. Si la caravane est trop nombreuse, elle se fractionne en deux, trois et même quatre colonnes.

Nourriture dans les pâturages.

73. Le soir, en arrivant au bivouac, les dromadaires, réunis par petits troupeaux, sont lâchés dans les dunes, et ils y rencontrent parfois de bons pâturages composés de plantes qu'ils aiment beaucoup et que les Arabes appellent derine, senuaghr, nessy, guetaf (Voir page 38, pour les noms botaniques de ces plantes). Pour les empêcher de trop s'écarter du campement, les chameliers les entravent par un bipède latéral en rapprochant fortement la jambe postérieure de l'antérieure. Dans les contrées où la caravane craint d'être attaquée par les écumeurs du désert, et où il importe que les dromadaires ne quittent pas le bivouac, on leur trousse les deux membres antérieurs avec une corde en alpha ou en poil de chameau. Cette corde fixant les canons aux avant-bras, empêche l'animal de se porter à de grandes distances, mais elle ne l'empêche ni de dormir, ni même de chercher sa nourriture à quelques pas de lui en marchant sur les genoux.

Son insuffisance.

74. La nourriture prise dans les pâturages est presque toujours insuffisante, et il faut satisfaire aux besoins des animaux au moyen d'autres aliments.

Bol alimentaire.

75. Les caravanes emportent avec elles de l'orge et des fèves qu'elles donnent soit en nature, soit en farine. Elles font des bols de la grosseur du poing et elles les font avaler à leurs chameaux. Le docteur Shaw, dans son voyage au mont Sinaï, raconte que son conducteur nourrissait ainsi son mahari. Quatre kilogrammes d'orge ou de fève composent la ration d'un jour.

Dattes non mûres.

76. Un aliment dont les Arabes font souvent usage pour nourrir leurs dromadaires en caravane, c'est la datte cueillie au mois de mai, et alors qu'elle est à peine formée. La datte, récoltée avant la maturité, fournit une excellente nourriture aux chameaux, aux chevaux, aux ânes, aux moutons, et elle les engraisse très-vite. Les caravanes trouvent facilement à s'en procurer chez les habitants des Ksours (1), et, comme elles les achètent à bon marché, elles peuvent en donner abondamment aux animaux.

---

(1) Villes ou villages du Sahara.

Noms des plantes que les chameaux préfèrent.

Le dromadaire est peu difficile sur le choix des plantes qui font la base de sa nourriture. Il s'accommode très-bien de tous les végétaux qui composent les prairies, les pâturages et que mangent les autres ruminants. Il se contente même des plantes, des arbustes qu'aucun autre herbivore ne pourrait digérer. Nous ne donnerons pas ici la nomenclature de toutes les plantes qui peuvent lui servir d'aliments ; nous nous contenterons d'indiquer celles dont l'usage n'est pas familier aux autres herbivores domestiques ou dont il fait seul usage.

Dans le Tell.

77. Dans le Tell, ce sont :

Le cactus opuntia,
Le camerops humilis,
Le cynara cardunculus,
Le cynara humilis,

Le thymus inodorus,
L'arundo festucoïdes,
Le ligacum spartium.

Les espèces du genre :

Malva,
Carduus,
Brassica,
Sinapis,

Daucus,
Arthemisia,
Verbasum,
Anthemis.

Les feuilles du :

Quercus suber,
   Id.   ilex,
   Id.   coccifera,

Quercus robur,
   Id.   pocudorobur,
   Id.   ballota.

Sur les hauts plateaux.

78. Dans les Chotts :

Le salicornia fructicosa,
   Id.   herbacea,
Le pacerina hirsuta,
L'atriplex alimus,

Le lygæum spartium,
L'arundo festucoides,
L'arthemisia odorantissima,
L'agrimonia.

Dans le Sahara.

79. Dans le Sahara ils trouvent, disent les Arabes, des pâturages de semaghr, de derine, de nessy.

Ils mangent les feuilles de divers arbres appelés, Chebreug, Cheborq, el Adzem, el Hachab.

Appétit du dromadaire.

Quantité d'aliments verts qu'il mange quand il en a à sa disposition.

80. Le dromadaire est très-sobre. S'il peut se passer d'aliments pendant plusieurs jours quand il y a disette, il en consomme de grandes quantités quand il en a à sa disposition. Dans les pâturages, il mange avec une gloutonnerie étonnante, et, en quelques heures, il prend assez de nourriture pour toute une journée. Une expérience que nous avons répétée bien souvent pour nous rendre compte de la quantité de vert que le dromadaire peut absorber dans un jour consistait à faire jeûner deux de ces animaux pendant quarante-huit heures, puis à leur en donner à la saoûlée. La quantité qu'ils en dévoraient l'un et l'autre variait entre 120 et 150 kilogrammes, du lever au coucher du soleil. Les Arabes disent qu'un dromadaire mange plus que trois chevaux.

Quelle devrait être la ration du dromadaire en aliments secs.

Nous ne sachions pas que cette question ait été étudiée sur une grande échelle et résolue par personne. Dans les expériences que nous avons faites, nous nous sommes convaincus que 6 ou 7 kilogrammes de foin ou de paille, et que 3 kilogrammes d'orge ou de farine d'orge peuvent suffire à conserver le dromadaire en bon état, pendant qu'il travaille, et qu'on peut réduire d'un tiers la ration d'orge lorsqu'il ne fait rien. Nous avons dit que les Arabes, en caravane, donnent environ 4 kilog. d'orge ou de fèves, ou de farine d'orge.

2° BOISSONS.

Le dromadaire est peu difficile sur ses boissons.

81. Le dromadaire est peu difficile sur la qualité de l'eau qu'il boit. Dans tous les pays, il se contente de l'eau que les autres animaux ne veulent pas boire. On a même écrit (Pline) qu'avant de boire il trouble l'eau avec ses pieds, ce qui semble faire croire qu'il préfère l'eau trouble, l'eau boueuse à l'eau pure. Ce fait est faux. Le dromadaire trouble l'eau pour se rafraîchir et non dans un autre but ; ce qui le prouve, c'est que, si on lui présente de l'eau trouble et de l'eau claire dans deux seaux, il préfère celle qui est claire et il en boit davantage. Lorsqu'il est bien pressé par la soif, le dromadaire boit de l'eau croupie, stagnante et d'une odeur repoussante. En 1854, à Aïn-Modhi, M. le comte Nigueux a vu des chameaux boire de la boue infecte ; mais il faut qu'il y soit poussé par une soif inextinguible.

Sobriété.

82. La sobriété du dromadaire est très-grande. Tout le monde est d'accord sur ce fait ; mais un point sur lequel on est loin de s'accorder, c'est de savoir combien de jours il peut rester sans boire, et quelles sont les causes auxquelles il faut attribuer cette sobriété. Ces deux questions étant du domaine de la physiologie et non de celui de l'hygiène, et eu égard à leur haute importance, seront traitées avec détail dans la seconde partie de ce travail. Dans ce chapitre, nous nous bornerons à dire que le dromadaire boit rarement en hiver et au printemps ; qu'en été il boit tous les jours ou tous les deux jours ; qu'en automne il boit tous les trois ou quatre jours, et que la quantité d'eau qu'il ingurgite chaque fois varie entre 40 et 50 litres.

Précautions hygiéniques à prendre avant de faire boire.

83. Avant de faire boire le dromadaire, il est bon de prendre quelques précautions hygiéniques. Il faut laisser réchauffer l'eau par le soleil, car l'eau trop froide lui donne souvent des coliques. Il faut aussi avoir soin de lui couper l'eau pendant qu'il boit, c'est-à-dire qu'on ne doit pas lui permettre de boire trop avidement et d'ingurgiter, comme il le fait souvent, d'immenses quantités de liquide en quelques minutes.

Nous avons vu plusieurs fois des dromadaires, poussés par la soif, se jeter dans des rivières, des mares, etc., boire avec une extrême vivacité, et contracter une indigestion d'eau qui était suivie de la mort ou de coliques très-violentes. L'introduction d'une grande quan-

tité d'eau dans l'estomac est nuisible, surtout aux femelles pleines, et les Arabes lui attribuent plusieurs cas
de coliques et d'avortement.

3° HARNACHEMENT.

Chez les Bédouins de l'Algérie, le harnachement du
dromadaire ne se compose que d'un bât fixé sur le dos
de l'animal au moyen de cordes.

A. *Du bât.*

Il y en a de deux sortes.

84. Le bât est toujours excessivement simple; il peut
être avec ou sans arçons.

Bâts sans arçons.

85. Le bât sans arçons se compose d'un cylindre en
toile très-forte, connue dans le pays sous le nom de
tellis, et qu'on rembourre avec de la paille du dys ou
de l'alfa. En réunissant les deux extrémités de ce cylindre, on forme une couronne ovoïde, présentant dans
le milieu une ouverture assez large pour loger la bosse.
Ce bât pèse de 7 à 8 kilogrammes.

Bâts avec arçons.

86. Dans le bât avec arçons, les arçons sont au nombre de deux, placés l'un en avant, l'autre en arrière de
la bosse. Chaque arçon est formé de deux morceaux de
bois de 35 à 40 cent. de longueur sur 4 à 6 de largeur et réunis à leurs deux tiers supérieurs en forme
de **X**. Les bâts avec arçons sont plus lourds que les
autres; ils pèsent de 11 à 12 kilog., mais ils sont plus
solides, et seuls ils peuvent être employés au transport des fardeaux un peu lourds.

Une bande en bois de 38 à 40 cent. de longueur
sur 8 ou 10 de largeur unit de chaque côté l'arçon de
devant à celui de derrière. Les bandes et les arçons sont
fixés au corps de bât au moyen de courroies, de points
de suture, et ne portent jamais aucun morceau de fer.

Contrées où se fabriquent les meilleurs.

87. Dans les pays d'élèves, chaque propriétaire con-
fectionne ou fait confectionner par ses chameliers les

bâts de ses dromadaires. Dans les environs de Mostaganem, la tribu des Bordjia, dans le cercle de Tiaret, les Harar, les Ouled-Yacoub, sont ceux qui fabriquent les meilleurs. Les gens qui font les bâts ne préparent pas toujours les arçons. Je dois même dire que presque partout les arçons sont confectionnés par des Kabyles habitant des contrées boisées et qui n'ont pas de dromadaires.

Prix.

88. Le prix des bâts varie peu. Dans la subdivision de Mostaganem, le bât sans arçons se vend 5 fr. ou 5 fr. 50 cent., et le bât avec arçons de 7 fr. 50 à 8 fr.

Sangles.

89. Le bât est fixé sur le corps du dromadaire au moyen d'une corde pliée en deux et nouée par le milieu à la bande droite. Une partie de cette corde sangle en avant et passe en arrière du sternum ; l'autre partie sangle en arrière et fait son point d'appui en avant des organes génitaux. Ces cordes sont en laine de mouton mêlée de poils de chèvre ; quelquefois même, tout simplement en alfa. Elles ont chacune de 5 à 6 mètres de longueur. Elles sont souvent la cause de plaies, de phlegmons, qui mettent l'animal hors de service pour quelque temps.

Ces bâts, si simples, suffisent aux Arabes pour tous leurs transports, et depuis un temps infini il n'en ont pas d'autres.

Modifications qu'on lui avait fait subir en 1844.

90. Le bât arabe est aussi celui qui a paru le plus apte aux différents services auxquels le dromadaire a été employé par nous, et c'est lui qu'on avait adopté lors des essais de 1843 et 1844. Toutefois, on lui avait fait subir quelques modifications. Ainsi les cordes étaient remplacées par des sangles. On y avait ajouté deux étriers en bois qui se fixaient aux bandes : celui de gauche descendait à trois pieds de terre pour faciliter le cavalier à se mettre en selle, dans le cas où le dromadaire tardait à s'accroupir. Au moyen de deux ou

trois tours faits autour de la bande et d'un nœud, le cavalier le raccourcissait ensuite et le mettait à la hauteur de l'autre. On avait aussi ajouté au bât un poitrail, un avaloir, une croupière, etc.

Particularités que présentent les bâts en Asie.

En Egypte et en Asie, où les dromadaires sont employés au transport de fardeaux très-lourds et très-incommodes, les bâts ont des arçons et une charpente en bois très-solide, qui préservent complétement la bosse et le dos de l'action contondante de la charge. Il serait à désirer que ce système de bâts s'introduisît en Afrique.

B. *Du licou.*
Il ne fait pas partie du harnachement dans le Tell.

91. Le licou ne fait pas partie du harnachement du dromadaire de bât chez les Arabes de nos possessions. En Egypte, au contraire, tous les dromadaires ont un licou, et, lors de la création du régiment des dromadaires, cette partie du harnachement fut adoptée. Lors des essais de 1843, 1844, on en reconnut l'utilité, et on en fit confectionner plusieurs modèles. Celui auquel on s'arrêta formait un nœud coulant, à pression sur le nez, et réussissait à mettre l'animal à la disposition du soldat à pied ou à cheval. Ce genre de licou suffisait pour faire arrêter le dromadaire, pour le porter à droite ou à gauche comme au son de la voix (1).

C. *De l'anneau nasal.*

De tous les temps les peuples de l'Orient ont percé l'une des narines de leurs dromadaires (Voy. Bochard, *Hierozoinicon*, t. 1ᵉʳ, p. 17) pour y placer des anneaux. Au dire de quelques auteurs, cet usage se serait conservé en Egypte. Nos observations ne sont pas conformes avec celles de ces écrivains. Les dromadaires que j'ai vus à Alexandrie et ailleurs étaient conduits avec

____

(1) Du dromadaire, par M. le général Carbuccia.

des licous et non avec des anneaux passés dans le nez. Chez les Arabes de l'Algérie, cette pratique n'a pas lieu pour les dromadaires de bât, mais les Sahariens s'en servent pour leurs mahara. De cet anneau partent une ou deux rênes qui se dirigent l'une à droite et l'autre à gauche de l'encolure, et au moyen desquelles le cavalier obtient du dromadaire tout ce qu'il demande.

Nous verrons plus loin comment on pratique la ponction des narines du dromadaire.

4° SOINS HYGIÉNIQUES.

Son exposition à l'inclémence des saisons.

92. Le dromadaire reçoit très-peu de soins hygiéniques de la part de son maître. Il est toute l'année exposé à l'inclémence des saisons. Pour lui, il n'y a ni abri ni couverture. Il reçoit directement le vent, la pluie, la neige, les rayons ardents du soleil, la piqûre des mouches, etc.... Aussi les Arabes perdent-ils, tous les ans, un grand nombre de ces animaux faute de quelques soins. Dans le Tell, où la température est douce, même en hiver, les pertes occasionnées par le froid, la pluie, sont peu considérables. Mais il n'en est pas de même sur les hauts plateaux. Dans ces contrées, où le thermomètre s'abaisse, en hiver, de plusieurs degrés au-dessous de zéro, les neiges, les vents, etc., font périr un bon nombre de dromadaires, si les Arabes n'ont pas soin de les faire descendre du côté du littoral (1). Dans le Sahara, en hiver, les Bédouins évitent les mortalités en passant d'une zone à l'autre et en parcourant de vastes étendues de terrains.

Pansage.

93. La peau du dromadaire ne connaît ni la brosse, ni l'étrille, ni les bains, et c'est à cet abandon complet

---

(1) En parcourant ces contrées, on trouve presque à chaque pas des ossements de dromadaires morts de faim ou de froid. En **1843**, en allant à Taguin, nous suivions la marche de la smala d'Abd-el-Kader par les nombreux cadavres de chameaux qu'elle avait laissés sur la route.

des soins de propreté qu'il faut attribuer, en partie,
l'affection psorique dont elle est le siége.

Tonte.

94. Le seul soin que les Arabes ne négligent pas,
c'est la tonte du dromadaire et son goudronnage. La
tonte se fait au printemps sur tous les animaux âgés de
deux ans et au delà. Elle doit être faite avec beaucoup
de ménagements, sinon, elle donne lieu à des accidents
graves dont nous parlerons dans la troisième partie de
ce travail.

Moyens mis en usage pour préserver les dromadaires des mouches.

95. En été, les Bédouins préservent les chameaux de
la piqûre du debabe en les faisant émigrer. Ceux du
Tell les envoient sur les hauts plateaux lorsque le debabe apparaît, et *vice versá*. Les Arabes qui ne peuvent opérer l'émigration les envoient sur des terrains
élevés, loin des bois, des arbres, des cours d'eau. S'ils
ont à voyager, ils se gardent bien de se mettre en route
pendant la chaleur du jour. Dans les douairs, ils parviennent à éloigner les mouches en rassemblant les animaux en groupes serrés et en les entourant d'un cercle
de paille mouillée à laquelle ils mettent le feu. La fumée incommode les debabes et les chasse loin des dromadaires. Les applications de goudron sont plus effica-
ces encore pour éloigner le debabe, mais elles ne peuvent être faites tous les jours et elles sont dispendieuses.

CHAPITRE IV.

Nous aurons à nous occuper dans ce chapitre :
1° des usages et des services du dromadaire chez les
Arabes ; 2° des services du dromadaire à la guerre ;
3° de ceux qu'il pourrait rendre à la colonie et à l'agriculture ; 4° des produits qu'on retire de lui pendant
sa vie ; 5° de ceux qu'il donne après sa mort.

1° DES USAGES ET DES SERVICES DU DROMADAIRE CHEZ LES ARABES.

Citation de Buffon.

96. Le dromadaire est, pour les peuples de l'Orient, un animal d'un prix incomparable, et les avantages qu'ils en retirent sont immenses. A lui seul, dit Buffon, il leur rend autant de services que le cheval, l'âne, le mulet et le bœuf réunis, et dans son enthousiasme il s'écrie : « L'or et la soie ne sont pas les vraies richesses de l'Orient : c'est le dromadaire qui est le trésor de l'Asie ».

En Algérie et dans le Tell.

97. Les Arabes qui sont sous notre domination, ceux qui habitent l'intérieur de l'Afrique, retirent aussi de grands avantages des dromadaires; mais les services que ces animaux leur rendent varient suivant la disposition géographique et orographique du sol qu'ils habitent. Dans le Tell, pays accidenté, coupé de montagnes souvent élevées et difficiles à gravir, présentant des plaines à sols glaiseux et très-glissants par les temps de pluie, le dromadaire est moins répandu que partout ailleurs et rend des services moins étendus. Dans ces contrées, le mulet, l'âne, le bœuf, servent aux mêmes usages et lui sont même préférables dans la plupart des cas. Néanmoins le dromadaire est encore pour les Arabes un animal d'une très-grande utilité, et on est sûr de le rencontrer partout où son usage est possible. Nos indigènes s'en servent tous les jours pour le transport de leurs hardes dans les émigrations et des productions du sol ou de l'industrie.

Sur les hauts plateaux et dans le Sahara.

98. Les tribus qui habitent les hauts plateaux, le pays compris entre nos avant-postes et le grand désert, possèdent un plus grand nombre de dromadaires, et chez elles ces animaux jouent un plus grand rôle que chez les Arabes dont nous venons de parler. Là, aucun autre animal n'est employé au service du bât, et le transport de tous leurs produits, dattes, laines, tissus, etc., et des objets dont ils font le commerce, se fait à dos de dromadaire. Nous ajouterons que chez les Arabes de ces contrées la viande du chameau est fort estimée, et se vend sur tous les marchés ; que le lait de naga fait partie de la nourriture des habitants plus de la moitié de l'année.

Charges.

99. Le dromadaire est la bête de somme par excellence, mais on a beaucoup exagéré ses forces en disant que sa charge est de 6 à 700 kilog. (Shan, Buffon). La charge des animaux de nos contrées ne saurait être portée à un chiffre aussi élevé. La charge ordinaire d'un bon dromadaire du Tell est de 250 à 300 kilog., elle est de 300 à 350 kilog. pour un dromadaire du sud. Quand elle dépasse ces chiffres, elle surcharge les animaux, qui alors poussent des cris plaintifs, refusent de se lever, de se mettre en route, marchent lentement, et, au bout de quelques jours, dépérissent et tombent malades. Dans les convois de quinze jours et au delà, dit M. le commandant Niqueux (*note communiquée*), les chameaux ne doivent être chargés que très-modérément, quand surtout ils seront assujettis à traverser des pays où les fourrages qui leur conviennent sont peu abondants, quand la saison les expose à passer la nuit dans la boue ou dans la neige. La charge des chameaux de réquisition ne devrait jamais être supérieure à 140 kilog., parce que ces animaux sont ordinairement choisis parmi les plus médiocres de leur espèce, et surtout parce qu'ils se nourrissent mal en marchant dans nos colonnes. Ces charges, au nombre de deux seulement par dromadaire, devraient avoir tout au plus 1 mètre de hauteur et 80 centimètres de largeur, afin de ne pas exercer une pression suffocante sur les côtes de l'animal. En Asie, les dromadaires sont plus forts qu'en Afrique ; j'ai vu sur la route de Rumelah à Jérusalem, de Beyrouth à Damas, et surtout d'Alexandrie à Alep, des dromadaires porter des fardeaux de

400 et même de 450 kilog., et faire tous les jours de onze à douze lieues sur des routes à peines tracées, très-accidentées et très-pierreuses. Il est vrai de dire aussi que tous les animaux ne portaient pas des fardeaux aussi lourds, et que la moyenne de leur charge ne dépassait pas 350 kilog. Cette différence, comme je l'ai déjà fait observer, tient plutôt à ce que les dromadaires d'Asie ne sont pas châtrés qu'à leur nature particulière.

Louage des dromadaires à l'administration et au commerce.

100. Les tribus du Tell et des hauts plateaux louent souvent leurs dromadaies à l'administration militaire ou au commerce, pour le transport des provisions de bouche, des munitions, etc., qui doivent alimenter nos colonnes expéditionnaires, nos villes de l'intérieur et nos avant-postes. L'administration passe tous les jours des marchés avec les Arabes pour le transport des divers objets qui ressortissent à son service, et ce moyen de véhicule est tout à la fois le plus expéditif et le plus économique. Un dromadaire chargé comme nous l'avons dit fait, en moyenne, dix ou onze lieues par jour, et de douze à quatorze quand on le presse ; et le prix d'une journée de marche n'est que de 2 fr. à 2 fr. 50 c. Les négociants français qui font le commerce des laines, des grains, des dattes, des plumes d'autruche, des tissus de toute nature, avec les Arabes du désert, se servent aussi du chameau pour le transport de leurs marchandises. Ils paient la charge du dromadaire de 10 à 12 fr. pour Mostaganem et Tiaret (quatre jours de marche), 28 ou 30 pour Tiaret et Alger, et 20 ou 22 pour Tiaret et Oran. Or, il est hors de doute qu'avec aucun autre animal on ne pourrait faire des convois avec autant de diligence et d'économie. Notons bien que toute voie de communication par les roulages est impossible pour tous ces endroits et que pendant bien longtemps encore il en sera ainsi.

Voyage dans l'intérieur de l'Afrique.

101. Mais c'est surtout pour les peuples qui habitent le grand désert et l'intérieur de l'Afrique que le dromadaire est un animal précieux. C'est lui qui donne la vie à ces immenses solitudes, qui nous permet de commercer avec les peuples qu'une mer de sable sépare de nous ; c'est grâce à lui aussi qu'il nous sera permis de pénétrer un jour jusqu'au centre des peuplades sauvages qui habitent l'intérieur de l'Afrique, de lever le voile qui les couvre et d'y apporter le flambeau de la civilisation. Sans le dromadaire, le désert nous serait inconnu, et Dieu a fait l'un pour l'autre (1). En effet, le dromadaire manque de proportions et d'harmonie dans tout son ensemble ; ses pieds larges, plats, simplement protégés par une semelle cornée, résistent difficilement à la pression sur un terrain solide, tandis qu'ils conviennent à merveille pour fouler les sables mouvants du désert, dans lesquels les autres animaux s'enfonceraient jusqu'au dessus des jarrets. D'un autre côté, le Sahara ne produit que quelques plantes ligneuses, dures et rampant à la surface du sable ; on n'y trouve de l'eau qu'à deux, trois et quelquefois même quatre journées de marche, et elle est souvent de mauvaise qualité. Or, quel est l'animal domestique, autre que celui dont nous parlons, qui pourrait se contenter d'une nourriture aussi parcimonieuse, de boissons aussi mauvaises ? Ce qui prouve plus encore que le dromadaire est bien l'animal du désert, c'est que là seulement il se conserve pur, et qu'il dégénère toutes les fois qu'on l'introduit ailleurs.

102. Tout le commerce que les Arabes font entre le Nord et l'intérieur de l'Afrique, depuis nos villes du littoral jusqu'à Tombouctou, le Soudan, et au delà, n'a lieu qu'à dos de dromadaire et ne pourrait être fait autrement. Les Arabes s'organisent en caravanes fortes quelquefois de 4,000 chameaux ; et ces caravanes s'approvisionnent à Tunis, à Fez, ou dans quelqu'un de nos

---

(1) M. Denon a dit, mais non sans quelque affectation, que la nature, après avoir créé le désert, a réparé son erreur en créant le chameau.

postes, des produits du Tell ou d'Europe, qu'elles vont vendre ou échanger contre des productions naturelles ou industrielles de l'intérieur de l'Afrique. Elles parcourent le désert en suivant ces grands chemins tracés il y a 2200 ans par Hérodote, immuables étapes que suivirent autrefois les marchands de Memphis, après eux ceux de Carthage, et que suivent encore les Arabes pour aller trafiquer au delà du désert, ne vivant en chemin que de farine délayée et de dattes (1).

Ces voyages sont fort longs. Quelques-uns ne durent pas moins de 2 ans. Chaque chameau reçoit en partant 200 ou 230 kilog. de marchandises, fait tous les jours 10 ou onze lieues, quelquefois même 14 et 15, se nourrit des herbes qu'il trouve sur sa route et de quelques

---

(1) Ces caravanes ne se hasardent point sans chef, ainsi qu'on le croit en Europe, sur la mer de sable qui, comme l'autre, a sa houle, ses tempêtes et ses écueils. Chacune d'elles obéit passivement au maître qu'elle s'est donné, il y commande absolument comme un *reïs* à son bord. Il a sous lui des chaouchs pour exécuter ses ordres ; des voyeurs pour éclairer le pays ; des écrivains pour présider aux transactions, les régulariser, ou écrire les conventions, etc. ; un crieur public pour faire les annonces ; un moudden pour appeler à la prière ; un iman pour la dire sur les fidèles. Le conducteur est toujours un homme d'une intelligence, d'une probité, d'une bravoure et d'une adresse éprouvées ; il doit s'orienter par les étoiles, il connaît, par l'expérience des voyages précédents, les chemins, les puits et les pâturages, les dangers de certains passages et les moyens de les éviter, tous les chefs dont il faut traverser le territoire, l'hygiène à suivre selon le pays, les remèdes contre les maladies, les fractures, la morsure des serpents et la piqûre du scorpion. Dans ces vastes solitudes où rien ne semble indiquer la route, où les sables, souvent agités, ne gardent pas toujours la trace du voyageur, le guide, pour se diriger, a mille points de repaire. La nuit, si pas une étoile ne luit au ciel, à la simple inspection d'une poignée d'herbes ou de terre qu'il étudie des doigts, qu'il flaire et qu'il goûte, il devine où l'on est sans jamais s'égarer. Ces caravanes se composent toujours d'une masse de combattants assez forte pour résister aux écumeurs du désert. Quelques-unes d'entre elles comptent jusqu'à 4,000 chameaux (*Grand Désert*, par le général Daumas).

Ibn Batouta, dans son *Voyage au Soudan*, raconte qu'il ne vit pas sans étonnement que son conducteur, nommé Abon-Mohamed-Sendegon-ben-Messoufi, bien qu'il eût un œil de moins et l'autre malade, reconnaissait parfaitement la route.

Léon l'Africain rapporte que le conducteur de sa caravane devint aveugle en route par suite d'une ophthalmie et reconnut, en touchant l'herbe et le sable, qu'on approchait d'un lieu habité.

kilog. de dattes, de fèves, d'orge ou de farine d'orge
délayée dans l'eau qu'on leur donne le soir en rentrant
des pâturages.

Bénéfices et pertes que font les caravanes.

103. Les caravanes réalisent de grands bénéfices.
Elles vendent souvent leurs marchandises quatre ou
cinq fois ce qu'elles leur ont coûté dans le Tell. Mais
leurs courses sont entourées de mille dangers et de privations de toute sorte. Elles éprouvent aussi parfois des
pertes considérables de dromadaires. Si, pendant la
marche, un de ces animaux tombe malade, on le tue,
et la viande est distribuée, par partie, entre les divers
membres de la même tribu : le prix en est remboursé
au propriétaire. Mais, si la caravane est bloquée par les
pirates du désert, ou bien si une épizootie envahit les
troupeaux, les pertes sont alors incalculables.

Arabes algériens qui font le plus souvent partie des caravanes.

104. Les Arabes du Sahara algérien qui font partie
le plus souvent de ces colonnes sont : pour l'ouest, les
gens des Chamba, ces intelligents colporteurs du Sahara,
de Metlili, de Guéléa, de Oualed-Sidi-Scheick, des Hamianes, de Figuig, du Touat; pour le centre, ceux des
Beni-Mzab, d'Ouargla, d'Aïn-Madhy ; pour l'est, ceux
de Bou–Sada, des Ouled-Nayl, de Tougourt, de Souf,
etc., etc.

Villes où les caravanes s'approvisionnent.

105. Ces caravanes font un commerce étendu ; malheureusement, elles n'ont pas encore l'habitude de s'ap-
provisionner dans nos villes, dans nos entrepôts. Elles
vont de préférence dans les villes du Maroc et de la régence de Tunis, qui sont approvisionnées de produits
anglais. L'Etat, dans sa sollicitude pour notre commerce
algérien, devrait tendre à les y amener, et nos négociants
devraient, par tous les moyens, s'emparer du monopole
de l'approvisionnement des caravanes. Ils y trouveraient
un débouché considérable et beaucoup d'argent à ga-
gner chaque année. Cette question n'étant pas du res-

sort de notre spécialité, nous nous contentons de la signaler, et nous faisons des vœux bien sincères pour que les hommes spéciaux veuillent bien s'en occuper et la mettre sous les yeux du Gouvernement.

2° EMPLOI DES DROMADAIRES A LA GUERRE.

Avant la publication de l'ouvrage de **M.** le général Carbuccia (*du Dromadaire comme bête de somme et comme animal de guerre*), nous avions préparé un chapitre assez long sur cette question : mais, depuis que nous avons lu ce livre, nous avons cru devoir nous borner à un exposé rapide de cette question.

A. *Emploi du dromadaire chez les anciens* (1).

Citations d'Hérodote.

106. Les peuples de l'Orient se servaient beaucoup de dromadaires à l'armée, et plusieurs auteurs de l'antiquité nous ont transmis des passages qui ne laissent aucun doute sur l'emploi de ces animaux à la guerre. Un des plus directs et, en même temps, celui qui a le plus d'autorité, c'est celui d'Hérodote, qui se rapporte à la bataille devant Sardes, gagnée par l'armée des Perses contre celle des Lydiens. « Cyrus, dit le père de l'histoire, craignant la cavalerie des Lydiens, rassembla tous les chameaux de son armée, et en place de leur charge il y fit monter des soldats en guise de cavaliers, vêtus et équipés comme tels. Il les plaça en tête, en face de la cavalerie de Crésus, et sa cavalerie proprement dite en arrière. Il en usait ainsi parce que le cheval craint le chameau à tel point qu'il ne peut ni l'envisager ni en sentir l'odeur. Aussi, dès que l'action fut engagée, et que les chevaux des Lydiens eurent vu et senti les chameaux, ils tournèrent bride, et l'armée de Crésus prit la fuite » (L. Ier, C. 80). Au livre VII, ch. 76, Hérodote dit, en parlant des Arabes de la grande armée de Xerxès : « Ils montaient des chameaux d'une vitesse égale

---

(1) Extrait de la notice de M. Jomard.

à celle des chevaux.» Dans un autre passage, cet auteur dit encore que les chevaux ne supportent pas les chameaux (L. VII, c. 87).

De Pline.

107. C'est aussi ce que dit Pline des chameaux : «*Odium adversùs equos gerunt naturale*» (L. VIII, c. 18); mais, en outre, il nous apprend qu'en Orient on s'en sert à la guerre : *Camelos inter jumenta pascit Oriens.... Omnes autem jumentorum in iis terris dorso funguntur, atque etiam equitantur in prœliis.*

De Tite-Live.

108. Tite-Live n'est pas moins positif, lorsqu'il raconte la bataille livrée par Lucius-Cornélius Scipion au roi Antiochus : « L'armée royale, entre ses chevaux et ses éléphants, avait des chameaux de guerre, des dromadaires montés par des archers arabes, portant des épées longues de quatre coudées, afin que, placés à une si grande hauteur, ils pussent atteindre l'ennemi » (L. XXXVII, C. 40).

De Hygin.

109. Voici comment s'explique Hygin sur l'emploi des chameaux dans l'armée romaine : *Camelis cum suis evibatis singulis pedes quinque assignabimus ; tendere debebunt, si in hostem exituri erunt, secundum questorium tendere debebunt* (*De castrametatione*, p. 10).

De Diodore.

110. Diodore parle aussi de l'emploi des chameaux à la guerre, et de plus il distingue les chameaux destinés à la course par le nom de dromadaire. « On y trouve encore (en Arabie), dit-il, des races nombreuses et distinguées de chameaux.....; les uns, soit par le lait qu'ils donnent, soit par leur chair bonne à manger, pourvoient abondamment à la nourriture des habitants.....; les autres, que l'on exerce à recevoir sur le dos des fardeaux considérables, portent de cette manière jusqu'à dix méduimes de blé (4 à 5 hectolitres), avec cinq hommes placés sur un bât. Il en est aussi qui, ayant les jambes fines et le corps grêle, sont plus propres à la course. Enfin, ces animaux servent même à la guerre. Ils sont alors ordinairement montés par deux archers qui se placent dos à dos, et dont l'un combat de face, tandis que l'autre, en cas de retraite, écarte l'ennemi qui est à leur poursuite » (Diodore, L. xi, C. 54).

Le même auteur parle encore des chameaux dans le livre iii, soit pour citer seulement les chameaux sauvages, soit pour vanter leur utilité. « Les Arabes Dèbes... élèvent de nombreux troupeaux de chameaux, et tirent de cet animal tout ce qui peut être utile aux besoins de la vie. Ils s'en servent à la guerre pour combattre leurs ennemis et transporter sur son dos les plus lourdes charges. Montés sur des chameaux dromadaires, ils parcourent rapidement toute la contrée » (L. iii, c. 45).

Enfin, au livre xix, c. 37, Diodore revient sur les chameaux dromadaires employés aux courses rapides. Cette espèce de monture peut parcourir de suite, à très-peu de chose près, mille cinq cents stades (plus de 60 lieues).

De Xénophon.

111. Xénophon nous apprend que Cyrus (*Cyrop.*, L. vi, c. 2), sur le point de combattre l'armée de Crésus, avait choisi des archers dans ses troupes et les avait fait monter à chameau, deux par deux, sur chaque animal. « Les chevaux, dit-il, ne peuvent pas soutenir la vue des chameaux ; » et, L. vii, c. 1, racontant la bataille livrée aux Lydiens, l'historien explique la déroute de ceux-ci de la manière suivante :... « On attaque l'aile gauche de l'ennemi, les chameaux en avant, comme l'avait ordonné Cyrus. La cavalerie tenue en arrière à une grande distance ne pouvait les apercevoir, tandis que les chevaux de l'ennemi, tout effrayés à leur aspect, prenaient la fuite ou se cabraient, ou se ruaient l'un sur l'autre. »

De Jérémie.

112. Deux passages de la Bible, l'un de Jérémie, l'autre d'Isaïe, font mention du chameau comme bête de somme et comme animal de course..... Dans le premier, le prophète, apostrophant la cité infidèle, la compare à une femelle de dromadaire : « Sache ce que tu as fait, dromadaire légère, courant çà et là. » (Jérémie, C. XI, v. 23.)

De Isaïe.

113. Dans le second passage, Isaïe dit : « Les dromadaires de Madian et d'Epha viennent tous de Shéba (Saba) ; ils portent de l'or et de l'encens. » (Isaïe, C. IX, v. 6.)

De César.

114. On voit les chameaux mentionnés une seule fois dans les Commentaires de César ; c'est à l'occasion de la capture des chameaux du roi Juba. (Hertuis, *De bello Africano*, L. XVIII.)

De Procope.

115. Deux passages de l'Histoire de la guerre des Vandales, par Procope, sont encore à citer par extrait. L'auteur raconte que, dans une bataille entre les Romains et les Maures, la cavalerie romaine effrayée par les chameaux de l'armée ennemie fut repoussée. Des fantassins maures armés de javelots et d'épées combattaient retranchés entre les jambes des chameaux. (L. I, C. 8, et L. II, C. 11, *De bello candal.*) C'est ainsi qu'en usaient nos soldats du régiment de dromadaires d'Egypte.

On trouve encore dans Hérodote, deux passages où il est parlé du chameau.

De la notice de l'Empire.

116. Dans la notice de l'Empire, les cavaliers dromadaires figurent plusieurs fois.

Tous ces passages mettent hors de doute l'usage du dromadaire dans l'antiquité. Passons à présent à son emploi dans les temps modernes.

B. *Régiment de dromadaire à l'armée d'Orient.*

Deux races de dromadaires en Égypte.

117. Disons d'abord qu'il existe, en Egypte comme

5

en Afrique, deux races de dromadaires : l'une est propre au bât, c'est le dromadaire des caravanes, celui auquel s'applique tout ce que nous avons dit ; l'autre est propre à la selle : nous nous en occuperons plus loin. Celle-ci ne diffère pas sensiblement de notre Mahari, aussi, tout ce que nous dirons au chapitre 6 de ce travail, lui est applicable.

Le dromadaire de course, en Egypte, s'appelle Héguin. C'est lui qu'on choisit pour former le régiment des dromadaires de l'armée d'Orient.

Création du régiment des dromadaires.

118. C'est en nivôse an VII (1), au retour du voyage à Suez, que le général en chef de l'armée d'Orient conçut le projet de faire monter les soldats à dos de dromadaire, afin de poursuivre dans le désert et d'atteindre les Arabes, leurs chevaux et leurs troupeaux, de les frapper dans leurs biens et de les amener ainsi à reconnaître l'autorité de l'armée française. On avait remarqué depuis longtemps les secours qu'apportaient aux tribus arabes leurs messagers ainsi montés, l'extraordinaire vitesse de leur course, la sobriété et la docilité de l'animal ; mais personne n'avait pensé encore à faire un corps militaire, une cavalerie régulière de soldats montés de cette façon ; la conception était hardie, l'exécution difficile : comment former les dromadaires à la manœuvre, les habituer à la fusillade, au son de la trompette, et surtout comment accoutumer le Français à ce nouveau genre d'équitation ? Comment composer le harnachement de l'animal, comment le guider en marche, comment le faire obéir à tous les commandements militaires ? Comment le seller, comment l'équiper ? Combien d'autres questions de détail étaient à résoudre avant de parvenir à former un semblable régiment ! C'est pourtant ce à quoi on arriva en assez peu de temps.

---

(1) Extrait de la notice de M. Jomart.

Sa composition.

119. L'ordre du jour qui crée le régiment est du **20 nivôse**. On choisit, pour le composer, des hommes d'élite dans l'infanterie; on prit les hommes les plus résolus et les plus intelligents. Le régiment se composa de deux escadrons de quatre compagnies chaque, et chaque compagnie avait cinquante dromadaires. Le commandement en fut donné au chef de brigade **Cavalier**.

Harnachement.

120. Voici comment était harnaché le dromadaire de guerre : La bosse servait de noyau à une large selle armée d'étriers. Dans le principe, on y fit asseoir deux hommes se tournant le dos; l'un des deux servait de guide, l'autre était plus libre de ses mouvements; mais on vit bientôt les inconvénients de ce mode et on y renonça.

Anneau nasal.

121. Une des deux narines, la droite, était percée et l'on y passait un anneau auquel s'attachait une cordelette simple ou double servant à arrêter, à avertir l'animal; un licou servait à le diriger. Une partie des bagages en vivres et en armes était placée dans les poches de la selle.

Dressage du dromadaire.

122. Pour dresser les dromadaires, on imita les Arabes, et il suffisait d'une semaine, quelquefois plus, suivant l'âge, pour compléter son éducation.

Services rendus par le régiment des dromadaires.

123. A peine créé, le régiment rendit immédiatement de grands services. Les tribus hostiles, et c'était le grand nombre, gênaient la marche de nos petits détachements, enlevaient les convois, pillaient les récoltes, infestaient la campagne, puis emportaient au loin dans le désert, leur butin, et quelquefois des prisonniers auxquels ils faisaient un mauvais parti. Mais les chevaux les plus légers étaient atteints à la longue par l'héguin, qui, lancé au grand trot, suivait le cheval au galop et finissait par le joindre.

De quelle manière combattaient les soldats de ce régiment.

124. Quand un détachement de ce corps était attaqué par des forces supérieures, il se mettait en défense de la manière suivante : chaque soldat faisait agenouiller son dromadaire, en descendait et se retranchait par derrière ; ainsi protégé, il faisait usage de ses armes. Dans d'autres circonstances, l'escadron se rangeait en bataille, manœuvrait avec précision selon des règles particulières, différentes des manœuvres et des exercices de la cavalerie. Une fois la tribu hostile atteinte par les dromadaires, on faisait descendre les soldats ; ils se formaient en bataille, et les Arabes étaient facilement soumis.

Par son ordre du jour du 27 vendémiaire an VIII, Kléber ordonna de compléter le régiment par des cavaliers non montés et les plus propres à ce service.

Courses principales qu'il fit.

125. Le régiment des dromadaires fit des excursions remarquables et dignes d'être citées. En huit jours, un détachement du corps allait du Caire à El Arich, d'El Arich à Suez, de Suez au Caire, du Caire à Peluse, et enfin revenait de Peluse au Caire, habituellement en faisant 30 lieues tout d'une traite. Cette rapidité d'évolutions les faisait craindre extrêmement des tribus ennemies ; ils étaient en quelque sorte la désolation des Arabes ; un petit nombre de ces militaires procuraient des résultats qui auraient exigé plusieurs bataillons d'infanterie.

Les cavaliers dromadaires firent la campagne de Syrie ; le général Bonaparte en avait plusieurs dans son escorte. Le général lui-même se servait assez souvent de cette monture quand il voyageait dans le désert. Pendant son séjour à Catih, il visita à dos de dromadaire la partie orientale du lac Meuzaleh, en compagnie des généraux Menou, Berthier, Androssy, Letureq, montés comme lui. Bonaparte en avait reconnu l'utilité pour son propre compte, et il avait même constaté qu'on peut en faire usage pour l'artillerie, c'est-à-dire atteler l'animal au canon.

Le régiment de dromadaires donna dans la bataille du 30 nivôse devant Alexandrie, et il s'y distingua d'une manière toute particulière.

Sous les ordres du général Desaix et de l'adjudant général Pierre Boyer, les dromadaires rendirent, dans la haute Egypte, des services importants. Ils poursuivirent à outrance la cavalerie de Mourad-Bey, et parvinrent à la chasser du pays, à la forcer à repasser le Nil et à s'enfoncer dans le désert arabique.

Application des dromadaires au transport des blessés.

126. Je ne ferai plus qu'une mention d'une application du dromadaire à la guerre ; elle est due à Larrey, il s'agit des ambulances légères qu'il créa pendant l'expédition de Syrie. Deux paniers étaient attachés aux flancs du chameau ; chacun portait un malade ou un blessé, mollement couché sur des matelas. Il y avait par division, vingt-quatre chameaux pareils, en outre de ceux qui portaient les équipages. Les chirurgiens étaient également montés sur des dromadaires. Les ambulances étaient assujetties à un règlement, et les fonctions de tous bien déterminées (Descript. de l'Egypte, in-8°, f. 13, p. 204.)

C *De l'emploi du dromadaire en Algérie.*

On se sert, en Algérie, du dromadaire comme bête de somme et comme animal de guerre.

Les Turcs se servaient des dromadaires pour le ravitaillement de leurs postes.

127. A. Le dromadaire était le mode de transport dont se servaient les Turcs pour ravitailler les postes dans lesquels ils avaient des cantonnements de troupe. Ils faisaient ces ravitaillements au moyen des chameaux du Beylick ou de ceux des tribus qu'ils mettaient à contribution. Leurs convois voyageaient, en été, et un seul homme suffisait pour mener cinq dromadaires.

Emploi du dromadaire au transport des vivres dans les colonnes expéditionnaires.

128. Dès son arrivée en Afrique, l'armée française se

servit du dromadaire pour le transport des munitions ou des provisions de bouche, mais tant qu'on n'expéditionna que dans le Sahel, dans les plaines renfermées entre les deux premières zones de montagnes, le dromadaire ne joua qu'un rôle secondaire, soit parce que le terrain convenait peu à sa conformation, soit parce qu'il était facilement remplacé par d'autres animaux, chevaux, mulets, ânes, d'un usage plus familier à nos hommes, et très-nombreux, à cette époque, en Algérie. Mais du jour où les expéditions devinrent plus longues, où l'on sortit du Tell, le dromadaire fut appelé à jouer un rôle plus grand ; enfin, il devient un auxiliaire indispensable, du moment où il fallut entrer dans les sables du désert, tenir la campagne pendant un mois, six semaines, deux mois et même au delà, sans pouvoir se ravitailler.

Citation du général Marey.

129. Car, comme l'a dit le général Marey, dès qu'on devait opérer dans le désert, la bête de somme que Dieu a créée pour ces contrées était préférable à toute autre, parce qu'elle n'a pas besoin d'orge et qu'elle se contente de l'herbe qu'elle rencontre sur sa route; parce qu'elle peut rester plusieurs jours sans boire et qu'elle se contente de l'eau de mauvaise qualité ; parce que, dans ces contrées, le dromadaire est nombreux, et qu'on pouvait facilement se le procurer, tandis que les autres bêtes de somme y sont très-rares ; parce qu'un dromadaire porte autant que deux mulets, et qu'on peut l'employer aussi pour transporter l'infanterie. Dans les pays lointains, l'emploi du mulet est même un inconvénient, car pour une expédition de trente jours seulement, la simple ration d'orge à 4 kilog. constitue pour chaque mulet, une charge de 120 kilog. qui le rend impropre à porter autre chose ». Ce n'est pas parce que le dromadaire est fort qu'il joue un si grand rôle dans la vie du désert ; c'est parce qu'il peut souffrir une abstinence d'eau de quatre jours, parce que seul il trouve à vivre sur le sol. Dans les pays où l'on peut se procurer de l'orge et des plantes fourragères, le mulet vaut mieux que

le chameau et le cheval est d'un meilleur usage que le
méhari. Mais dans les contrées du sud, où le voyageur
doit emporter pour lui plusieurs jours d'eau et des vivres, le cheval devient impossible ainsi que le mulet,
parce qu'ils pourraient à peine porter les choses nécessaires à leur alimentation, sans aucune surcharge. Dans
la comparaison qu'on peut être appelé à faire entre le
méhari, le dromadaire, le cheval et le mulet, il importe
donc d'introduire comme élément indispensable la considération du lieu où ces animaux doivent être employés.

C'est de 1840 que date l'association du dromadaire à
nos principales opérations militaires ; mais c'est en 1842
et 1843 qu'il a pris une importance très-grande. Depuis
lors, ses services ont été en augmentant chaque année,
et, depuis que nos ennemis sont refoulés à 150 lieues
dans le sud, il n'y a plus d'expédition possible sans le
concours de cet animal.

Ordre du maréchal Bugeaud qui crée deux équipages de dromadaires.

130. Jusqu'en 1844, les convois de chameaux étaient
formés au moyen de marchés passés avec les Arabes, ou
de réquisitions faites dans les tribus, et les animaux
étaient conduits par les Arabes. A la date du 31 janvier
1844, parut un ordre du maréchal Bugeaud qui orga--
nisa deux équipages de dromadaires, l'un pour Tittery
et l'autre pour Mascara, où les animaux furent placés
sous la conduite de soldats français. Depuis 1846, pour
les expéditions qui se font dans le sud, les convois de
chameaux sont nombreux et transportent les provisions
de bouche, l'eau, les munitions, etc.... Lors de la dernière expédition de Lagouath (1852), le convoi de chameaux était de 4500 à 5000 têtes ; il portait des vivres
pour un mois pour une colonne considérable.

D Emploi du dromadaire au transport des troupes.
Par les Turcs.

131. Tout le monde savait que les anciens s'étaient
servis du dromadaire pour cet usage, et que le général
Bonaparte en avait tiré un grand parti à l'armée d'O-

rient. Les traditions du pays disaient que, dans plusieurs circonstances, et notamment lors de l'expédition des Beni-Mzab en 1804, et celle de Bou-Sada, en 1830, les Turcs avaient fait monter leur milice à dos de dromadaire.

Par Abd-el-Kader.

132. On avait vu souvent aussi Abd-el-Kader transporter son infanterie par des dromadaires requis dans les tribus, traverser les Chotts et, en quelques heures, parcourir de grandes distances et venir porter la guerre dans le Tell.

Essais tentés par M. le général Marey.

133. Mais personne n'avait encore pensé à imiter les anciens et les modernes, lorsqu'au mois de juillet 1843, M. le général Marey demanda à M. le gouverneur général l'autorisation de tenter des essais. Au mois d'octobre suivant, il organisa une colonne de 600 dromadaires, portant 1200 hommes, avec des vivres pour douze jours, et les expériences commencèrent. Plus tard, elles furent répétées par d'autres chefs de colonne.

Les expériences entreprises par les deux équipages de Mascara et de Tittery pour le transport des denrées de l'administration et celles pour le transport de l'infanterie à dos de dromadaire ont été poursuivies pendant un certain temps, puis elles ont été abandonnées. Il ne nous appartient pas de dire si c'est à tort ou à raison, mais notre avis est que le dromadaire peut rendre de grands services en Algérie ; que rien ne s'oppose à le faire conduire par nos troupes ; que si ces expériences n'ont pas eu tout le succès qu'on en attendait, qu'on en avait obtenu en Égypte, cela tient à ce qu'on n'a pas assez imité le général Bonaparte dans le choix des soldats dromadaires et des animaux. Quand le général en chef de l'armée d'Orient organisa son régiment des dromadaires, il recommanda de prendre, dans l'infanterie, les hommes les plus intelligents et les plus robustes parmi ceux qui se présentaient de bonne volonté, et le nombre en était grand. Il rejeta plus de la moitié de ceux qui se présentèrent, afin de n'avoir que les meilleurs soldats.

Pour la composition des animaux, il rejeta tous ceux qui font partie de la race propre au bât, il ne prit pour la selle que ceux dits Héguins ou Mahara.

Emploi du dromadaire par les Arabes à des ruses de guerre.

134. Nous ne sachions pas que jamais les Arabes aient employé les dromadaires à des ruses de guerre contre l'armée française, mais il paraît positif que les Algériens s'en servaient contre les Espagnols, et que la cavalerie de ces derniers fut mise en déroute à la vue d'un troupeau de dromadaires que les Arabes poussaient devant eux. Ce fait était sans doute connu de M. le général Bourmont, qui, dans un ordre donné en rade de Palma, le 8 juin 1830, prévient les troupes de l'expédition que les Arabes devaient employer le même moyen pour les jeter à la mer. Dans un cas très-grave, Abd-el-Kader se servit aussi du dromadaire pour se soustraire à l'armée marocaine. Quelque temps avant sa reddition à M. le duc d'Aumale, l'émir, débordé de toutes parts par les Marocains, imagina de placer sur le dos d'un certain nombre de dromadaires des fagots de bois enduits de goudron. La nuit venue, il y mit le feu, et il fit prendre aux chameaux une direction tout à fait opposée à celle qu'il voulait suivre lui-même. Les Marocains, trompés par ce stratagème, se mirent à la poursuite des dromadaires, et ne s'aperçurent de la ruse que le lendemain au point du jour. Grâce à cette ruse, Abd-el-Kader put lever son camp et sortir du mauvais pas dans lequel il était.

La partie militaire n'étant pas celle que nous nous sommes proposé de traiter, nous ne pousserons pas plus loin ces considérations générales sur l'emploi du dromadaire en Algérie, et nous renvoyons, pour des détails plus circonstanciés, à l'ouvrage, si remarquable, publié par M. le général Carbuccia, qui a commandé, comme chef de bataillon, l'équipage de Tittery, et qui, mieux que personne, a démontré les avantages qu'on peut retirer du dromadaire en Algérie.

3° SERVICES QUE LE DROMADAIRE A RENDUS A LA COLONIE.

Nous avons déjà dit que les négociants de plusieurs villes de l'intérieur et des avant-postes font faire tous leurs transports à dos de dromadaire, et que ce véhicule est le plus économique et le moins cher. Nos colons louent souvent des dromadaires aux Arabes pour transporter les foins qu'ils récoltent dans les plaines situées auprès de nos centres agricoles. Mais nous ne sachions pas que, jusqu'ici, aucun colon se soit occupé de l'élève du dromadaire, ait employé cet animal à des travaux agricoles et industriels, et se soit livré à son commerce. Un jour viendra sans doute, et peut-être n'est-il pas très-loin, où nos colons, comprenant tout le parti qu'ils peuvent tirer du dromadaire, le compteront au nombre de leurs animaux domestiques et se livreront à son élève et à son commerce.

4° PRODUITS QUE DONNE LE DROMADAIRE PENDANT SA VIE.

Le dromadaire donne aux Bédouins son lait et ses poils pendant sa vie.

A *Du lait de chamelle.*

Caractères.

135. Les chamelles sont très-bonnes laitières, et la quantité de lait qu'elles donnent est plus grande dans le sud que dans le nord de nos possessions. Les Arabes assurent que, dans le Sahara, une bonne chamelle donne de huit à dix litres de lait, par jour, pour les besoins de la tente, en sus de ce qui est nécessaire pour nourrir abondamment son petit.

Le lait de la chamelle présente dans ses caractères physiques, dans sa composition, des particularités assez remarquables. Nous allons le décrire avec quelques détails. En sortant de la mamelle, il donne une mousse abondante ; sa température est de $+ 36°4$; il jouit de propriétés acides, car il rougit légèrement le papier de tournesol ; il a une odeur *sui generis* ; sa saveur est plutôt salée que douce ; en traversant l'arrière-bouche, il laisse une sensation particulière qui suffirait pour le faire reconnaître. Ces deux dernières propriétés tiennent sans doute à un principe volatil, car elles diminuent considérablement par le refroidissement.

Examen microscopique.

136. En examinant le lait de chamelle au microscope, on voit qu'il est composé d'une foule de globules arrondis, et si on le compare au lait de chèvre, de brebis, de vache, de jument, on constate que le diamètre de ses globules est plus petit que celui du lait des femelles précitées.

Parties qui le composent.

137. Le 4 mai 1853 (1), cinq litres de lait provenant d'une chamelle âgée de huit ans, en bon état, nourrie avec du vert, nous ont donné, après trois jours de repos, **290** grammes de crème.

Le même jour, la même quantité de lait, provenant d'une chamelle dans les mêmes conditions, nourrie de la même manière, traitée par la présure, à la température ordinaire, nous a donné 1800 grammes de caillé.

Depuis lors, nous avons répété quatre fois la même expérience, et nous avons obtenu des résultats semblables à peu de chose près.

De la crème.
Ses caractères.

138. La crème commence à monter à la partie supérieure du lait, huit à dix heures après la traite ; elle est d'un blanc mat, d'une saveur douce et agréable, d'une odeur très-faible ; elle a moins de consistance que celle du lait de vache ou de chèvre.

Du beurre.

Caractères physiques.

139. Les 290 grammes de crème, traités par le battage, nous ont donné **82** grammes de beurre présentant

---

(1) Température de l'appartement. 16° cent., ciel pur, vent du nord-est.

les propriétés suivantes : il est d'un blanc mat, d'une
saveur et d'une odeur particulières, mais qui n'ont rien
de désagréable : sa consistance est plus grande que celle
du beurre de chèvre, de brebis et de vache : quand il
est en pelotte, il ressemble assez bien à un pain de savon blanc, tirant légèrement sur le bleu. Si on l'examine au microscope, on voit qu'il est composé de globules très-petits et très-serrés.

Difficultés que présente sa préparation.

140. Le beurre est très-difficile à séparer du lait de
beurre. En agitant la crème avec une cuiller, dans un
plat, nous n'avons pas pu parvenir à obtenir la séparation de ces deux éléments. En agitant la crème dans
une bouteille, ce n'est pas non plus sans peine, sans
beaucoup de temps et sans le concours de certaines conditions extérieures que nous sommes parvenu à séparer le beurre du lait. Le beurre se sépare d'abord sous
forme de globules, ressemblant assez bien à des grains
de riz ; puis ces globules se pelotonnant, se réunissent
entre eux, et finissent par former une masse compacte
offrant les caractères précités.

La difficulté que nous avons eue à faire du beurre
explique combien la même opération doit être plus difficile dans le Sahara, où la température est toujours
très-élevée et atteint souvent $+ 40°$ et même $+ 45°$
centig. à l'ombre, à moins cependant que la réunion
d'une grande quantité de crème, dans un vase, ne soit
une condition favorable pour la fabrication du beurre.

Ses usages.

141. Les Arabes que nous avons consultés sur le
beurre de chamelle, nous ont dit que les nagas du sud
en donnent plus que celles du Tell, que la saison la plus
favorable pour en obtenir est le printemps ; que, dans
aucun pays, le beurre ne sert aux préparations cu-
linaires ; que la médecine arabe en fait usage dans les
maladies de la peau, et surtout dans la gale et la teigne ;
tantôt il est employé seul, tantôt il sert d'excipient à
une autre substance.

Le beurre de chamelle est agréable au goût, mais il rancit vite, et alors il a une odeur et une saveur fort désagréables. On peut l'employer aux mêmes usages que le beurre des autres femelles domestiques. Nous, et plusieurs personnes, en avons mangé, et nous l'avons trouvé très-bon.

Du caseum.

Ses proportions.

142. Les expériences que nous avons faites nous ont démontré que le lait de chamelle est beaucoup moins riche en caseum que celui des autres femelles domestiques. Les 5,000 grammes de lait que nous avons traités à différentes reprises, par la présure, ne nous ont donné, en moyenne, que 1,800 grammes de caseum, tandis qu'ils ont fourni 3,200 grammes de petit lait.

Ses caractères.

143. Si l'on abandonne le lait de chamelle au contact de l'air, et mieux encore si on le traite par la présure, il se forme au fond du vase un précipité blanc, caillebotté, nageant au milieu du petit lait, et non une masse compacte, comme dans le lait de chèvre, par exemple. Les flocons de caseum sont blancs et ont une saveur agréable. Placés dans une condition favorable pour perdre le petit lait qu'ils contiennent, ils finissent par adhérer les uns aux autres, et par former une masse assez compacte. Au bout de quinze ou vingt jours, ils donnent un fromage gras, onctueux, ressemblant beaucoup au Mont-d'Or lyonnais.

Conservation du lait.

144. Les Arabes conservent le lait de chamelle dans des peaux de bouc, goudronnées en dedans, et qui servent spécialement à cet usage. Dans ces vases, le lait est facile à transporter, mais il y prend bien vite l'odeur du goudron, et il ne tarde pas à s'aigrir. Les Arabes aiment beaucoup le lait de chamelle. Ils disent qu'on peut en boire impunément, et qu'il jouit de propriétés rafraîchissantes plus prononcées que celles des laits de chèvre, de brebis et de vache.

Fermentation alcoolique du lait.

145. Des voyageurs qui ont visité l'intérieur de l'A-
frique ont parlé de la fermentation alcoolique du lait
et de la formation d'une liqueur spiritueuse très-aimée
des Bédouins. Les Arabes du Tell et du Sahara algérien,
les nègres du royaume d'Haoussa que nous avons interrogés sur cette liqueur, en ignorent complétement la
fabrication et l'usage.

Usage du lait.

146. Dans le Tell, le lait de naga sert exclusivement
à la nourriture du jeune dromadaire ; dans le Sahara, il
sert en outre à la nourriture des hommes et des chevaux. Lorsque la chamelle a mis bas, au printemps,
elle fournit du lait en telle abondance, qu'il forme presque l'unique nourriture des Bédouins. Cette nourriture
est des plus hygiéniques et convient pour combattre les
effets échauffants du climat. Il sert aussi à atténuer les
effets pernicieux de la datte. L'usage habituel des dattes
crues donne des inflammations gastriques très-dange-
reuses, tandis que, rafraîchies par le lait, elles forment
une nourriture très-saine ; aussi les invitations à dîner
se font-elles, entre amis, avec cette formule consacrée :
« Viens chez moi rafraîchir tes dattes. »

Au printemps, les poulains de race mangent des dattes
et du lait de chamelle, et on dit que cet aliment vaut
mieux que l'orge. Les Arabes du sud lui attribuent une
large part des qualités que possèdent leurs chevaux, et
pour qualifier un animal de pure race, convenablement
nourri, ils disent qu'il a été élevé avec du lait de chamelle. Les Sahariens donnent aussi du lait de chamelle
aux chevaux de race, épuisés par les privations, les courses, etc., qu'ils ont faites dans les chasses aux caravu-
nes, à la gazelle, à l'autruche, etc... Mais l'usage du
lait de chamelle, pour nourrir les chevaux et les poulains, est beaucoup moins général en Algérie que dans
le Nedj, qu'en Syrie, etc., etc. Dans ces contrées, un
mois après la naissance des poulains, on les nourrit avec
du lait de chamelle auquel on ajoute une poignée de

farine de froment digérée dans l'eau, et peu à peu on
augmente la quantité. Cette manière de nourrir les poulains dure cent jours ; ensuite on laisse le poulain manger de l'herbe, et on lui donne de l'orge, toujours
en lui fournissant chaque soir une pleine sébile de
lait de chamelle. M. le docteur Perrou regarde le lait
de chamelle comme un préservatif de la morve et du
farcin. « Ce lait, dit-il, a une autre nature, une autre
composition ; il a moins d'éléments butyracés ; il a une
nature alimentaire plus sauvage pour ainsi dire, et ces
sortes de qualités ont sans doute, pour résultat, des
conséquences nutritives différentes. En général même,
le lait paraît hâter et affermir l'ossification des enfants,
des jeunes animaux, en raison du phosphate de chaux
qui abonde dans cette nourriture.

« Pourquoi donc en Algérie, ajoute M. Perrou, n'au-
rait-on pas toujours un haras de chameaux auprès d'un
haras de chevaux ? Est-ce que, sur ce point encore, sur
cette question si importante d'alimentation, sur cette
question qui intéresse si puissamment la création d'un
cheval français ou arabe-français, on ne voudrait pas
des expériences et de l'expérience des Arabes ? J'ai presque peur de l'esprit de notre science, de sa présomp-
tion. » (Le Naceri, p. 210, tome 1.)

B Des poils du dromadaire.
Leur couleur.

147. Le dromadaire est d'un pelage brun, d'autant
moins foncé qu'on se rapproche plus du sud. Dans l'intérieur de l'Afrique, on voit beaucoup de mahara, beau-
de dromadaires de bât, soupe de lait ou café au lait (1).
L'abondance des poils varie suivant les contrées, et un
fait que l'observation démontre, c'est que, plus on s'é-
loigne du littoral, plus les poils du dromadaire devien-

---

(1) En Asie et en Egypte on trouve un grand nombre de dromadaires
blanc sale, tandis qu'en Nubie, le pelage de ces animaux est presque
noir. Des auteurs ont voulu se servir de ces deux particularités pour
créer des races distinctes. A notre avis ces caractères sont insuffisants.

nent rares et courts; ainsi, dans le royaume d'Haoussa, les chameaux ont les poils courts et très-ras, particularité qu'on n'observe pas dans le Sahara et moins encore dans le Tell.

Leurs caractères.

148. Fins et lisses dans le jeune âge, les poils du dromadaire deviennent crépus et frisés dans l'âge adulte. Mais ils n'offrent, sur toutes les parties du corps, ni la même finesse, ni la même abondance. A la partie inférieure des membres, ils sont courts, droits, raides et si peu fournis, qu'on dirait que les jambes sont complétement nues; sur le tronc, au contraire, ils sont abondants, ondulés et frisés. Sur certaines régions comme aux avant-bras, aux épaules, ils offrent une longueur et une abondance plus grandes que partout ailleurs. Ceux qui couvrent la bosse sont les plus estimés à cause de leur finesse.

Tonte des dromadaires.

149. A partir de la deuxième année, les dromadaires sont tondus régulièrement au printemps. La quantité de poils qu'ils donnent varie suivant leur âge et leur taille entre 3 et 4 kilog. La tonte du dromadaire a lieu au printemps; elle demande à être faite après la saison des pluies et des fraîcheurs de la nuit. Si on la pratique trop tôt, elle expose les animaux aux effets des vicissitudes atmosphériques, et alors, des irritations gastro-intestinales, péritonéales ou pleurétiques, etc., surviennent et font périr les animaux.

Usages des poils.

150. Les poils du dromadaire servent à la fabrication d'une foule d'objets, de tissus, tels que bernous, tentes, tellis, musettes, cordes, etc., à l'usage des Arabes. Les poils qui couvrent la bosse pourraient entrer dans la fabrication de certains tissus de provenance européenne, et nous sommes convaincu qu'entre les mains de nos fabricants français, ils pourraient donner lieu à des étoffes très-fines et très-recherchées.

Le dromadaire porte au bord supérieur de l'encolure une petite crinière fine et soyeuse, et sa queue est pourvue aussi de crins, fins, soyeux, ayant de 30 à 35 cent. de longueur.

C *Fiente du dromadaire.*

Usages.

151. La fiente du dromadaire est riche en sels ammoniacaux, et l'histoire nous apprend qu'elle était employée autrefois à la fabrication de l'hydrochlorate d'ammoniaque. Dans nos contrées, elle ne sert pas à cet usage ; elle n'est employée que comme combustible. Dans le Sahara, où le bois manque presque partout, dans certaines plaines du Tell, où il est très-rare, elle rend de grands services aux Arabes et à nos colonnes expéditionnaires ; elle donne peu de flamme, mais elle fait une braise très-vive, qui suffit à la cuisson des aliments ; elle ne dégage aucune mauvaise odeur.

5° DES PRODUITS QU'ON RETIRE DU DROMADAIRE APRÈS SA MORT.

Après sa mort, le dromadaire donne aux Arabes sa chair et sa peau.

A *Chair.*

Ses usages.

152. Sur les hauts plateaux et dans le Sahara, la viande du dromadaire figure sur les marchés à côté de celle du mouton, et les Bédouins la mangent comme nous mangeons la chair du bœuf. Plus on s'enfonce dans l'intérieur de l'Afrique, plus elle est estimée, et plus son usage devient général. Chez les Touareg, dans le Djebel Hoggar, les indigènes ne mangent pas d'autre viande.

Les caravanes, quand elles sont en route, mangent souvent du chameau. Dans leurs marches, il arrive fréquemment qu'un dromadaire ruiné par la fatigue, boiteux ou blessé, devient incapable de continuer sa route, et qu'on est obligé de l'abattre. Sa chair est vendue aux divers membres de la caravane, si toutefois l'animal a été abattu d'après la loi (1)

---

(1) Pour que la chair du dromadaire puisse être mangée par les Arabes, il faut que l'animal ait été tué d'après la loi musulmane.

Ses qualités.

153. La chair du dromadaire est d'une belle couleur ; elle est plus blanche que celle du bœuf. Celle des jeunes animaux ressemble à la chair du veau. La viande de chameau est d'une saveur agréable et riche en principes nutritifs. Nous, et plusieurs personnes, en avons mangé, préparée de toutes les façons et nous l'avons trouvée excellente. Cependant elle ne vaut pas celle du bœuf : elle est moins savoureuse et plus filandreuse. Les Arabes recherchent surtout la bosse, et ils la préfèrent à toute autre partie. Dans les expéditions, nous les avons vus souvent se jeter sur les dromadaires qu'on laissait en arrière, les tuer et se disputer cette région. La bosse est le mets le plus exquis que l'hospitalité puisse offrir à un hôte de distinction, disent les Arabes.

Nous avons voulu vérifier ce fait par nous-même : nous avons fait cuire une bosse ; nous en avons mangé, et nous sommes loin de partager l'opinion des Arabes. Nous l'avons trouvée dure, difficile à digérer et d'un goût peu agréable.

Dans le Tell, le dromadaire est d'un prix trop élevé

La loi reconnaît quatre manières de tuer les animaux dont la chair est permise aux Musulmans.

Les bœufs, les moutons, les oies, les poules, et tous les animaux domestiques, doivent être tués par l'égorgement (*el debeha*), qui consiste à couper d'un seul coup la trachée et les carotides, et à ne retirer le couteau qu'après l'égorgement complet.

Les animaux de chasse ne peuvent être mangés qu'après blessure (*el aker*), c'est-à-dire que si leur sang a coulé, ne fût-ce que par une simple piqûre à la peau de l'oreille.

Pour les chameaux, on emploie le *nehar*, qui consiste à enfoncer l'arme au point où le cou s'attache à la poitrine. Il n'est pas nécessaire de couper la trachée artère, parce qu'en frappant à l'endroit désigné, l'instrument peut pénétrer jusqu'au cœur et donner promptement la mort.

Les animaux qui n'ont pas de sang coulant, comme les sauterelles, peuvent être mangés, qu'on les ait fait mourir dans le feu, dans l'eau chaude, ou en leur coupant la tête ; ou qu'on les ait tués par des moyens qui n'entraînent pas la mort instantanément, comme en leur arrachant les ailes et les pattes ou en les noyant dans l'eau froide ; mais ce qui a été séparé du corps ne peut être mangé.

pour qu'on le sacrifie comme viande de boucherie. Du reste, les indigènes préfèrent la chair du mouton.

En Asie, il y a des pays où l'on fait un grand usage de la chair du dromadaire pour la nourriture de l'espèce humaine, spécialement dans le Kordofou, le Dougolah et le Senour. En Syrie, il n'y a que la classe inférieure qui mange de cette viande. On cite surtout le canton de Doumas, situé à peu de distance de la ville de Damas, dont les habitants mangent de la chair de chameau à peu près comme les Européens usent de celle de bœuf ou de mouton. Les habitants du Meydune, faubourg de Damas, se nourrissent presqu'exclusivement de viande de dromadaire pendant l'hiver sans en être incommodés. — On fait subir à cette viande les mêmes préparations qu'à celles du mouton. On la fait bouillir, étuver, rôtir ; on en fait des hachis en y ajoutant du blé concassé et des épices, dont on fait des pâtés connus sous le nom de Koublés que l'on fait cuire au four ou que l'on grille sur les charbons. Le prix ordinaire de cette viande est de 2 à 3 piastres (50 à 75 c.) le rotté (les 5 livres) ; mais quand elle provient de dromadaires appartenant à la tribu des Axégés, on la paie jusqu'à 4 piastres. — Les Arabes-Bédouins des déserts de l'Asie aiment beaucoup la chair des dromadaires et n'en offrent qu'à leurs hôtes de distinction. M. de Lamartine, chez les Arabes de la tribu de Mahana, près de Palmyre, reçut une diffa de dromadaire, et notre grand poète raconte ainsi son repas : « Le lendemain, l'émir fit tuer un chameau pour nous régaler, et j'appris que c'était une grande marque de considération, les Bédouins mesurant à l'importance de l'étranger l'animal qu'ils tuent pour le recevoir. » Le major Fridolin, consul à Damas, reçut la même marque de considération dans un voyage qu'il fit chez les mêmes Arabes.

B. *Graisse.*

Caractères et usages.

154. Les dromadaires ont très-peu de graisse. Ceux que nous avons sacrifiés pour nos études anatomiques, quoiqu'en très bon état, n'en avaient pas dans l'abdo-

men, et n'en avaient que très-peu autour des muscles.
La graisse du dromadaire répand une odeur forte et peu
agréable, et c'est probablement à cette odeur qu'il faut
attribuer le peu d'attrait qu'elle a pour les Arabes, si
friands de toutes les graisses et surtout de celle du mouton. Elle est plus onctueuse que celle des autres ruminants. La médecine arabe emploie la graisse du dromadaire contre les maladies cutanées de l'espèce humaine,
et surtout contre celle du cuir chevelu.

C. *Peau du dromadaire.*

Usages chez les Arabes.

155. · La peau du dromadaire est beaucoup plus
épaisse que celle du bœuf, et son derme est plus dense
et plus consistant. Les Arabes ne la tannent qu'avec du
sel et la font sécher au soleil; aussi le tannage est-il incomplet. Dans l'intérieur de l'Afrique, le cuir du dromadaire sert à faire des couvertures d'arçons de selle,
des outres dans lesquelles on conserve de l'eau, du lait,
etc.; elle sert aussi à faire des semelles de souliers, et
cette chaussure est si bonne que le voyageur peut impunément marcher sur la vipère et braver l'action du
sable brûlant.

Chez les Français.

156. L'industrie française ne se sert pas de la peau
du dromadaire, et c'est à tort; elle pourrait être employée avec avantage dans une foule de circonstances où
celle du bœuf est trop faible. Son prix, à Mostaganem,
est de 15 à 18 fr.; à Tiaret, elle ne vaut que 12 ou
15 fr.

Usages des os.

Les pèlerins de la Mecque rapportent souvent de
leur pèlerinage des objets d'art, des chapelets surtout,
qui sont faits avec des os de dromadaires. Ces os imi-
tent l'ivoire beaucoup mieux que ceux des autres animaux domestiques.

CHAPITRE V.

Différences que présente le dromadaire dans nos trois provinces. — Variété dite à poils ras. — Statistique de la province d'Oran. — Commerce.

1° DIFFÉRENCES QUE PRÉSENTE LE DROMADAIRE DANS NOS TROIS PROVINCES.

Si nous jetons un coup d'œil sur les dromadaires qu'on élève dans nos trois provinces d'Alger, d'Oran et de Constantine, nous voyons partout les deux variétés que nous avons admises, celle du Tell et celle du Sahara. Les seules différences qu'on puisse mentionner dans l'une ou dans l'autre tiennent à un peu plus ou à un peu moins de taille, de développement, de forces, et ces différences sont les conséquences de la richesse du sol et de la manière de vivre des Arabes.

Division de l'Est.

157. *La province de Constantine* élève de beaux troupeaux de dromadaires, et les animaux y sont de taille élevée, d'un beau développement, très-forts, et supportent bien les privations et les intempéries. Les tribus qu'on cite comme les plus riches et comme possédant les meilleurs sont : celles des Ouled-Naïl, des Ouled-Derradj, des Sahari, des Huruksa, des Gmoul, des Ouled-Abd-el-Nour.

Division du centre.

158. *La province d'Alger* est la plus pauvre des trois et celle où les animaux sont les moins beaux et les moins bons. Dans cette province, la subdivision de Médéah est la plus riche, et on estime surtout les chameaux qui viennent des environs de Boghar, des Ouled-Nayl, etc. Les dromadaires de Tittery ont rendu de grands services à nos colonnes; ils ont composé en grande partie l'équipage expérimental de Médéah.

159. *La province d'Oran* est la plus riche des trois, et à cause de cela, et surtout parce qu'elle nous est plus familière que les autres, nous allons en parler avec plus de détails et en donner la statistique ; mais avant, disons un mot d'une variété qui n'existe pas dans nos possessions et que les caravanes amènent avec elles en rentrant de leurs longs voyages dans le Soudan, etc.

2° VARIÉTÉ A POILS RAS.

Dans le royaume d'Haoussa, il existe une variété de chameaux de bât remarquable par la finesse de sa peau et la rareté de ses poils. Les individus qui la composent sont très-sobres, très-estimés et très-bons marcheurs ; mais ils craignent le froid, la rosée, la pluie. Dans leur pays, ils rendent d'excellents services, tandis qu'aussitôt qu'on les amène dans le Sahara, ils contractent des affections presque toujours mortelles des intestins et des séreuses. Nous ne citons cette variété que comme complément à notre tâche, car elle ne nous est d'aucune utilité ; elle ne sert qu'aux caravanes qui pénètrent dans le pays des nègres et dans l'intérieur de l'Afrique.

3° STATISTIQUE DES DROMADAIRES DE LA PROVINCE D'ORAN.

Nombre de dromadaires qu'on trouve dans la province d'Oran.

160 Nous avons fait connaître, au commencement de ce mémoire, de quelle manière le dromadaire est réparti sur le sol algérien, et quelles sont les différences qu'il présente dans le Tell et dans le Sahara ; il nous reste, pour compléter ce que nous avons à dire sur ce point de géographie animale, à donner une statistique exacte des animaux de la province d'Oran. Nous aurions désiré pouvoir mettre en parallèle celles des deux autres provinces ; mais il nous a été impossible de nous les procurer, malgré nos instantes sollicitations auprès des personnes qui les possèdent. Du reste, les chiffres que nous aurions placés en regard n'auraient eu d'autre valeur que celle de faire connaître le nombre et la richesse de chacune d'elles, car, comme nous l'avons dit en commençant ce chapitre, les dromadaires se présentent avec les mêmes caractères sur tous les points de nos possessions africaines. Les seules différences qu'ils offrent sont celles qu'on observe entre la variété du Tell et celle du Sahara : or, nous les avons fait connaître ailleurs.

La province d'Oran possède en ce moment 61,859 têtes de dromadaires, réparties ainsi qu'il suit dans ses cinq subdivisions :

Subdivision de Mostaganem.		573
Id.	d'Oran.	3,057
Id.	de Sidi-bel-Abbès.	801
Id.	de Tlemcen.	5,559
Id.	de Mascara..	51,869
	Total.	61,859

A. *Subdivision de Mostaganem.*

Statistique.

161. Dans la subdivision de Mostaganem, comme dans toutes celles du Tell, le dromadaire est peu nombreux. On ne l'y rencontre que dans les plaines, les vallées et sur quelques plateaux fertiles. Voici sa statistique :

Bordjia.	362		*Report.*	490
Abid-Cheraga.	7		Marioua.	8
Mazagran..	1		Mathmata.	50
Akerma-Cheraga.	30		Beni-Tighrin.	14
Mahal..	50		Kheraïch-Gharaba.	7
Ouled-Séléma..	40		Ghazlia.	4
A reporter.	490		Total.	573

Les dromadaires les plus beaux, les plus estimés, les mieux dressés, sont ceux des Bordjia, qui campent dans la riche plaine de l'Habra, ceux des Mahal et des Akerma, qui habitent la Mina.

B. *Subdivision d'Oran.*

Statistique.

162. Presque toutes les tribus de cette subdivision élèvent des dromadaires, et, depuis bien longtemps, les

louent à l'administration de la guerre pour le transport de ses denrées, ou au commerce. Les plus beaux troupeaux paissent dans les plaines de Tlelat, du Sigg, etc., et appartiennent aux Douairs, aux Zmélas, aux Gharabas. Son chiffre de 3,057 est réparti ainsi qu'il suit :

Douairs.	1,931	*Report.*	2,781
Ramra.	13	Ahmian-el-Mileh.	21
El-Arouat.	176	Gharaba.	192
Ouled-bou-Amer.	30	Ferraza.	19
Ouled-Sidi-Chikh.	178	Guetarnia.	3
Ouled-Abd-Allah.	38	Atba.	13
Zméla.	415	Oukla.	28
A reporter.	2,781	Total.	3,057

C. *Subdivision de Sidi-Bel-Abbès.*

Statistique.

163. Dans cette subdivision, à l'exception de deux tribus, toutes les autres élèvent des dromadaires. Celles qui habitent la plaine de la Meckerra et les plateaux qui l'environnent, sont les plus riches ; mais les plus beaux se trouvent dans les tribus sahariennes internées dans cette subdivision ou qui viennent y passer la mauvaise saison. Voici la statistique de cette subdivision :

Ouled-Aly.	82	*Report.*	715
Ouled-Soliman.	88	Hacasma.	31
Azedj.	12	Ouled-Sidi-ben-Youb.	4
Ouled-Brahim.	9	Ouled-Zeïr.	25
Ouled-Balegh.	134	Ouled-Kalfat.	15
Beni-Mathar.	319	Bel-Abbès.	11
Hamian.	51	Total.	801
A reporter.	715		

D. *Subdivision de Tlemcen.*

Statistique.

164. La subdivision de Tlemcen tient le milieu entre les subdivisions qui précèdent et celle de Mascara : elle a moins de dromadaires que celle-ci ; elle en a plus que celles-là. Ce sont surtout ses tribus sahariennes qui se livrent à l'élève de ces animaux, et qui possèdent les meilleurs. On peut citer en première ligne les Hamians-Gharaba, les Ouled-Mellouck, les Ouled-Nahr, les

Ouled-Ali-bel-Mamed. Dans le Tell de la subdivision, les dromadaires sont de petite taille, et généralement moins forts et moins corsés que dans les autres parties de la province ; aux environs du poste de Lallah-Maghrnia, l'espèce est loin d'être belle. C'est aux environs de ce poste que nous avons vu les dromadaires les plus petits et les plus mauvais de toute l'Algérie.

Ouled-Riah	130	*Report.*	487
Hal-Balghrafa	4	Ouled-Aala-el-Mezazgna	108
Ouled-Haddou	10	Beni-Smiel	28
Ouled-Sidi-Nedjahed	14	Achache	28
Beni-Ouazzan	100	Djouïdad	141
Médionna-Cheraga	19	Ouled-Mansour	54
Médionna-Gharaba	30	Ouled-Mellouk	547
Meguennia	15	Beni-Snous	9
Ouled-Chiah	54	Ouled-el-Nahr	480
El-Fehoul	39	Ouled-Ali-ben-Hamel	675
Zenata	72	Hamian-Gharaba	3.002
A reporter	487	Total	5.559

E. *Subdivision de Mascara.*

Statistique.

165. Elle possède à elle seule plus de dromadaires que les quatre autres réunies : elle doit cela aux nombreuses populations sahariennes qui servent à la former, et à l'immense étendue de son territoire dans le sud. Là, il n'est pas rare de rencontrer des troupeaux de 4 à 5,000 individus, vivant par groupe de 100 et occupant de vastes parcours. Les tribus sahariennes qu'on peut citer comme possédant les meilleurs dromadaires sont les Derraga, les Ouled-Ziad, les Ouled-Mahallah, les Ouled-Moumin, les Ouled-Bouzian-Cheraga, les Chaouïa, les Kaabra, les Harar, les Resouina-Gharaba et Cheraga.

Kalafa	350	*Report.*	23,491
Derraga	6,566	Queraridjet	360
Ouled-Serrour	991	Ouled-Sidi-Nacer	100
Ouled-Mahallah	2,156	Aouiakel	60
Ouled-Ziad	4,090	Stiten	200
Ouled-Abd-el-Kérim	1,710	Ouled-Cherif-Cheraga	205
Akerma	2,028	Ouled-Cheif-Gharaba	140
Ouled-Moumin	2,280	Ouled-Lekrend	281
Ouled-bou-Resigni	2,840	El-Aouïssat	8
Ouled-Aïssa	480	Ouled-Messaoud	1
A reporter	23,491	*A reporter*	24,846

Report. . . .	24,846	*Report.*		39,166
Chaouïa.	1,151	Ouled-Sidi-Hamed-Ben-Saïd.		160
Ouled-ben-Affif.	340	Guementa.		24
Ouled-Ariz.	578	Oulad-Yacoub-Zerara. . .		25
Ouled-Zouï.	1,380	El-Maïa.		90
Ouled-ben-Hassin. . . .	240	Tadjeronna..		280
Ouled-Sidi-Khaled. . . .	941	Saïd.		3,060
Marabout-Ghamba. . . .	527	Mekadma		1,800
Ouled-Zian-Cheraga. . .	2,047	Chamba-bou-Rouba. . . .		1,500
Ouled-Zian-Gharaba. . .	787	Hassasna-Cheraga.		20
Kaabra.	1,254	Hassasna-Gharaba.		12
Dahlsa.	518	Ouled-Brahim.		21
Hassinat.	3	Ouled-Khaled-Cheraga. . .		14
Sahari-Cheraga..	159	Beni-Meniarin-Fahta. . . .		30
Ouled-el-Kharouby.. . . .	930	Beni-Meniarin-Fouaga. . .		40
Ghouadi.	857	Ouahiba.		30
Oulad-Boughenam. . . .	774	Malif.		20
Guenadza.	20	Ouled-Daoud.		250
Ouled-Mimoun.	1,308	Ouled-Sidi-Kalifa..		27
Ouled-Ali-ben-Ameur. . .	30	Ouled-ben-Djafar.		90
Ouled-Yacoub-el-Ghaba.. .	89	Mamed.		10
Ouled-Naceur.	192	Rasaina-Cheraga.		2,500
Ouled-Sidi-Brahim. . . .	195	Rasaina-Gharaba..		2,700
A reporter. . . .	39,166	Total.		51,869

4° COMMERCE DONT LE DROMADAIRE EST L'OBJET.

Dans un pays comme l'Afrique, où les productions du
sol et les espèces domestiques sont presque les seules richesses, où l'industrie est à peu près nulle, chez un peuple pour qui la vie errante est un besoin, et qui se livre
à de très-grands déplacements pour ses relations com-
merciales, on comprend facilement que le dromadaire
doit entrer pour une large part dans la fortune des habitants, et doit être l'objet d'un commerce fort étendu.

Dans le Tell.

166. Chez les Telliens, le dromadaire joue un rôle
moins grand que partout ailleurs, tant en raison de la
disposition physique et géographique du sol qu'ils habitent, qu'à cause des nombreux auxiliaires qu'on peut
lui donner, et de son commerce qui n'a pas cette importance que nous allons lui voir ailleurs.

Valeur du dromadaire selon son âge.

167. Les tribus du Tell vendent ou échangent leurs
dromadaires ; mais, rarement, ces transactions se font

sur les marchés où sont conduits les autres animaux. Presque toujours, l'Arabe qui veut acheter des dromadaires se rend chez celui qui en possède, et c'est à domicile que la vente se fait. La valeur des dromadaires est à peu près la même sur tous les points de l'Algérie. Dans la subdivision de Mostaganem, chez les Bordjia, par exemple, un de ces animaux, de belle apparence, se vend 30 fr. à un an ; 80 fr. à deux ans ; 150 fr. à trois ans ; 200 fr. à quatre ans ; 250 fr. à cinq ans ; 300 à 350 fr. à six ans ; de sept à quinze ou seize ans, il conserve la même valeur, puis il diminue petit à petit.

Dans le Sahara.

168. Dans le Sahara, le dromadaire entre pour une part beaucoup plus large dans la fortune des Bédouins, et il n'est pas rare de trouver des tribus qui en possèdent six et sept mille et des propriétaires qui sont riches à 1800 et même à 2000 têtes de dromadaires. Dans certaines contrées de l'Afrique, comme au Djebel-Hoggar, chez les Touareg, les Bédouins n'ont pour toute richesse que des dromadaires et quelques moutons de mauvaise qualité.

Dans tout le Sahara et au delà, le dromadaire est l'objet d'un grand commerce. Il figure sur tous les marchés comme bête de somme et comme animal de boucherie. Sa valeur varie, mais on peut dire qu'elle est d'autant moins grande qu'on s'enfonce plus dans l'intérieur de l'Afrique. Ainsi, chez les habitants des hauts plateaux, un bon dromadaire se vend 27 ou 30 douros d'Espagne (1), il se vend 22 ou 25 douros dans le Sahara (2), tandis qu'il ne vaut plus que 70 ou 80 boudjous dans le Haoussa (3).

Les caravanes qui se rendent dans le centre de l'Afrique font le commerce de dromadaires ; elles y achètent

---

(1) De 148 fr. 50 cent. à 160 fr.
(2) De 111 fr. à 137 fr. 50 cent.
(3) Le boudjou vaut 1 fr. 90 cent.

des animaux qu'elles viennent vendre dans le Sahara. Les dromadaires du Djebel-Hoggar, des Touareg surtout, sont très-estimés et réussissent bien partout; ils sont d'un acclimatement facile. Ceux qui viennent du pays des nègres, du royaume d'Haoussa, de Kachessa, et dont le caractère distinctif est d'être à poils ras, sont sobres, bons porteurs, mais ils ne s'acclimatent pas dans le Sahara, où les nuits sont fraîches, les rosées abondantes, les variations de température très-fortes, et partant les refroidissements fréquents.

Je termine en disant que les dromadaires font partie de la dot des riches héritières; qu'un présent de chamelles est toujours très-considéré, et qu'on peut racheter le prix du sang au moyen des chameaux. D'après la loi musulmane, le meurtre involontaire d'un homme se paie cent chameaux pour les gens du Sahara, à moins qu'il n'y ait des arrangements entre le meurtrier et les parents du mort (1).

Signes extérieures auxquels on reconnaît les qualités des dromadaires.

Comme tous les animaux domestiques, les dromadaires présentent des signes extérieurs auxquels on peut reconnaître leurs qualités bonnes ou mauvaises. Nous allons faire connaître ceux auxquels les Arabes attachent le plus d'importance.

---

(1) Le prix du sang (*dia*) est d'un usage très-ancien chez les Arabes; il remonte à l'aïeul du prophète, Abd-el-Mettaleb.

Abd-el-Mettaleb n'avait qu'un enfant, et dans sa douleur il fit cette prière : « Seigneur, si vous me donnez dix enfants, je jure de vous en immoler un en action de grâce. »

Dieu l'entendit et le fit père neuf fois encore. Abd-el-Mettaleb, fidèle à sa promesse, remit au sort à décider quelle serait la victime, et le sort choisit Abdallah. Mais la tribu s'élevant contre ce sacrifice, il fut décidé qu'Abdallah serait mis d'un côté et dix chameaux de l'autre, que le sort serait de nouveau consulté jusqu'à ce qu'il se prononçât pour l'enfant, et qu'autant de fois qu'il se prononcerait contre lui, dix chameaux seraient ajoutés aux premiers.

Abdallah ne fut racheté qu'à la onzième épreuve, et cent chameaux furent immolés à sa place. Quelque temps après, Dieu manifesta qu'il avait accueilli favorablement cet échange, car il fit naître d'Abdallah notre seigneur Mohamed, et depuis, le prix du sang, la *dia*, d'un Arabe est fixé partout à cent chameaux.

Les Bédouins aiment à trouver dans toutes les races un grand développement de taille et de formes. Ils le considèrent, avec raison, comme un indice de force, et ils ne s'inquiètent pas si les richesses alimentaires sont assez fortes pour pouvoir nourrir convenablement ces animaux.

Les dromadaires de belle race ont tous la tête petite, très-mobile, bien placée, l'œil grand, à fleur de tête, rayonnant de douceur et d'intelligence ; les oreilles bien plantées ; leur encolure est longue, mince et très-mobile ; elle doit être ombragée d'une crinière fine et peu abondante.

Comme chez tous les animaux, l'ampleur de la poitrine passe pour un indice de la puissance respiratoire. Ce qu'on recherche surtout dans cette région, c'est la largeur et l'intégrité de la bosse sternale ou de cette partie sur laquelle s'appuie le corps dans le décubitus.

Un abdomen peu développé et des lèvres minces indiquent une grande sobriété. Ces deux qualités sont portées à un très-haut degré, surtout chez les Mahara.

Plus la colonne dorso-lombaire est voûtée, plus elle jouit d'une haute réputation de solidité, mais il ne faut pas que sa convexité soit due à un trop grand développement de la bosse ; car on a remarqué depuis longtemps que la bosse est d'autant moins prononcée que la race chamelière est plus pure. Les dromadaires de bât du Sahara ont la bosse moins forte que ceux du Tell, et les Mahara l'ont moins prononcée que ceux de bât. Ce fait trouve une explication dans ce que nous disons plus loin sur la maladie dont cet organe est le siége.

Les membres surtout attirent l'attention des acheteurs. Les dromadaires dont les membres sont longs, grêles, faiblement attachés au tronc ; dont les articulations sont étroites ; dont le jarret est fortement coudé, ceux surtout dont le bas est grêle, sont considérés comme d'une grande faiblesse, comme tombant sous la charge, et ne pouvant servir en temps de pluie et sur les terrains accidentés et en pente.

Une des régions qui est le plus soigneusement exami-
née, c'est le pied. Les pieds grands, évasés, combles, à
semelle crevassée, sont regardés comme défectueux. Les
Mahara ont les pieds petits, arrondis, à peine convexes,
tapissés par une semelle de corne épaisse, fine et très-
luisante. Les dromadaires de race commune ont le pied
grand, évasé, comble et la corne crevassée.

La finesse des poils et leur abdomen sont des qualités qu'on recherche, non-seulement à cause des poils,
mais encore parce qu'ils sont un caractère de race et de
sang.

Les maladies qui s'opposent à la vente des dromadaires sont : la gale, le débabe, les blessures de la bosse ou
de la callosité sternale, les fissures de la corne, etc.; il
en est de même des défauts de caractère.

Vices rédhibitoires.

Les vices ou les maladies qui entraînent la résiliation
de la vente sont peu nombreux. Les cadys (juges), les
chameliers que nous avons consultés, nous ont dit que
les défauts de caractère ou d'éducation, tels que l'habitude de mordre ou de ruer, sont considérés comme
rédhibitoires, et que le délai de la garantie varie, suivant les contrées, entre trois et huit jours.

Les maladies qu'on attribue à tort ou à raison à la
piqûre des débabes sont aussi considérées comme rédhibitoires, mais il faut que l'acheteur prouve qu'il ne s'est
pas servi de l'animal pour que la résiliation ait lieu.
Dans certaines contrées, la durée de la garantie de cette
maladie est de plusieurs mois.

CHAPITRE VI.

Des améliorations que réclament les dromadaires.

Améliorations apportées par les Arabes.

169. Les Arabes de nos possessions, les Telliens pas

plus que les Sahariens, ne cherchent à améliorer leurs dromadaires. Aussi la race, loin de se perfectionner, tend à rester stationnaire dans les meilleures conditions, dans les pays les plus favorablement placés, et à dégénérer dans ceux qui le sont le moins. Cet animal mérite cependant, plus que tout autre, qu'on s'occupe de lui, et il y aurait peu de chose à faire pour le tirer de l'état de dégénérescence dans lequel le conduisent et l'oubli des règles de l'hygiène et les accouplements mal assortis. Nous allons faire connaître les moyens qui nous semblent les plus convenables pour atteindre ce but, et dans cet exposé, nous aurons soin de n'indiquer que ceux que les Arabes peuvent mettre en pratique et que l'état actuel de notre agriculture algérienne et la richesse de nos colons permettent d'introduire. Un écueil qu'il faut éviter, en Algérie surtout, consiste à ne pas sortir des choses simples et d'une pratique facile. Dans toute circonstance, il faut se rappeler qu'on a affaire à un peuple routinier qui sort à peine de la barbarie, et qu'il vaut mieux descendre jusqu'à lui que de chercher à l'élever jusqu'à nous. Il ne faut pas perdre de vue non plus que les mœurs de ce peuple et sa manière de voir sur les animaux diffèrent essentiellement des nôtres.

Améliorations qu'on devrait introduire dans l'hygiène du dromadaire.

Les parties de l'hygiène du dromadaire qui réclament les plus grandes modifications sont : la nourriture, le logement, le harnachement, les soins de propreté. Disons un mot de chacune de ces questions, puis nous nous occuperons des accouplements et des croisements.

Nourriture.

170. Nous avons vu, pages 32 et suivantes, comment les dromadaires sont nourris dans toutes les saisons et dans tous les pays, et quels sont les nombreux écarts de régime auxquels ils sont soumis ; plus loin, nous ferons connaître quelles en sont les conséquences au point de vue de la pathologie. Qu'il nous suffise de dire que le manque complet ou incomplet de nourriture, trop

longtemps prolongé, donne lieu tous les ans à des pertes
considérables et qu'on pourrait facilement éviter avec
quelques précautions. Il suffirait, pour cela, non pas
d'assurer aux dromadaires une nourriture abondante,
mais seulement de les préserver de la faim aux époques
de l'année où ils ne trouvent plus de nourriture dans
les pâturages. Rien ne serait plus facile et moins coû-
teux que d'arriver à ce résultat, car, d'une part, les dromadaires sont très-sobres et se contentent des plantes
que les autres animaux ne veulent pas, et, d'autre part,
on peut leur trouver partout la nourriture qui leur
convient. Ainsi, la paille, les feuilles d'arbre, les herbes
sèches, les foins de qualité inférieure délaissés par les
chevaux, par les bœufs et même par les bêtes à laine,
certains végétaux ligneux, tels que le guéto, l'ajonc
épineux, qu'aucun autre animal ne mange, pourraient
être donnés aux dromadaires pendant la mauvaise saison. La quantité de foins secs à donner par jour à chaque animal doit varier entre 5 à 6 kilogrammes.

C'est surtout quand les dromadaires sont en marche,
quand, dans nos convois, ils transportent des provisions
de bouche, des munitions, etc., qu'on devrait assurer
la nourriture de ces animaux, et ne point s'en rappor-
ter à la Providence. C'est pour avoir négligé cette précaution que nous avons vu bien souvent des dromadaires rester en route et tomber épuisés, après quelques
jours de marche. En marche, mieux vaut donner au
dromadaire de l'orge et de la farine d'orge, comme le
font les caravanes, que du foin. Cette nourriture, plus
riche en principes nutritifs, a de plus le grand avantage d'être d'un transport très-facile; 4 kilog. d'orge ou
de farine d'orge réduite en pâte peuvent leur suffire.

Les Arabes, nous le savons, consentiront difficilement
à entrer dans ces voies d'amélioration, parce qu'elles
leur coûteraient de l'argent, du temps et de la peine,
parce que leurs pères n'en ont jamais agi ainsi, et enfin,
parce qu'ils sont convaincus que le dromadaire doit
vivre toujours de ce qu'il trouve. Mais il n'en est pas de
même de nos colons, qui comprendront très-bien qu'il

y va de leur intérêt de nourrir convenablement leurs animaux, s'ils ne veulent pas les voir mourir de faim.

Logements.

171. Le dromadaire vit constamment en plein air, exposé à toutes les vicissitudes atmosphériques ; aussi, contracte-t-il dans la saison des pluies et des froids une foule de maladies auxquelles il succombe assez souvent malgré sa constitution si robuste et si forte. Les Européens et même les Arabes du Tell, qui n'ont qu'un petit nombre de dromadaires, pourraient facilement éviter cette cause de maladie, en plaçant les animaux en question sous des hangars ou sous des gourbis pendant les mois les plus froids et les plus pluvieux de l'année, et en leur donnant sous ces abris une nourriture convenable. C'est surtout pour les jeunes sujets qu'il serait utile d'avoir des abris, car il en meurt de froid un grand nombre. Les Sahariens qui sont riches en plusieurs centaines de dromadaires ne pourront jamais leur construire des abris ; ils devront se contenter de les faire émigrer.

Harnachement.

172. Il faut laisser au dromadaire le harnachement qu'il a et qui peut suffire dans toutes les circonstances ; mais il devrait être mieux confectionné, mieux entretenu. Tel qu'il est, il blesse souvent les animaux ou ne les préserve pas assez de l'action contondante de la charge.

Soins de propreté.

173. Nous sommes convaincu qu'on pourrait, sinon prévenir la gale, du moins en diminuer considérablement la gravité par le pansage et par les bains, dans les contrées où ils peuvent être donnés.

ACCOUPLEMENTS.

174. La partie qui a trait à la production du dromadaire doit surtout attirer l'attention du praticien et mérite qu'on s'en occupe sérieusement. Dans l'état actuel des choses, la monte a lieu en liberté et dans les pâturages. Un étalon saillit autant de chamelles qu'il en trouve à sa disposition ou que ses forces le lui permettent, et il entre souvent en fonction avant l'âge; les chamelles mal conformées, trop jeunes, sont saillies tout aussi bien que celles qui sont dans les meilleures conditions d'âge et de force; la saillie a lieu souvent trop tôt ou trop tard. De là résultent des accouplements mal assortis et par conséquent des produits défectueux. Sans être trop exigeant, en ce qui concerne ces questions, on pourrait cependant pallier tous ces défauts et arriver à de bons résultats par les moyens suivants :

175. Monte. — Elle peut être faite en liberté ou à la main, peu importe. Ce qu'il importe, c'est qu'elle ait lieu à une époque convenable. Celle qui nous paraît le plus favorable est du mois de février au mois d'avril, dans le Tell, et du mois de mars au mois de mai, dans le Sahara et sur les hauts plateaux. Avant et après ces époques, la monte peut être suivie d'inconvénients. Avant, on obtiendrait des produits au moment le plus froid et le plus pluvieux de l'année, lorsque la terre est encore dépourvue de végétation, et on serait exposé à perdre les nouveaux nés, soit par manque de nourriture, soit par le froid, etc. Après le mois de mai, les nouveaux nés seraient trop incommodés par les chaleurs de l'été, ne jouiraient que peu de temps de l'herbe verte, et à l'époque où le debabe, leur plus redoutable ennemi, s'acharnerait contre eux, ils ne seraient pas assez forts pour résister à ses piqûres.

176. Choix des reproducteurs. — La monte se fait à présent par des étalons très-souvent indignes de remplir ce rôle, car la castration n'est pas aussi étendue qu'elle devrait l'être. Les tribus les plus soigneuses, seules, châtrent tous leurs mauvais dromadaires, ne réservent que les plus beaux pour la reproduction, et ne livrent les chamelles à l'étalon que lorsqu'elles sont arrivées à leur état de développement. En général, on n'est pas assez sévère dans le choix des reproducteurs, et on admet pour la génération des sujets qui n'ont donné aucune preuve non équivoque de sobriété, de rusticité, de force, et dont la conformation est loin d'être irréprochable. On devrait châtrer impitoyablement les

dromadaires à la tête volumineuse, aux yeux petits, à l'encolure grêle, à la poitrine étroite et à l'abdomen trop volumineux. Aucune considération ne devrait surtout faire admettre les sujets aux membres grêles, tels que nous les trouvons dans certains pays, surtout aux environs de Maghrnia. Un autre point sur lequel doit se porter l'attention, c'est le rapport de taille entre les mâles et les femelles. Il faut, autant que possible, que la taille des deux reproducteurs soit en harmonie, car on a observé que lorsque les mâles sont de nature plus forte que les femelles, les avortements sont fréquents et les mises bas très-difficiles. Il y a intérêt aussi à ne pas introduire dans un pays pauvre des animaux élevés dans de riches plaines. Chez la plupart des propriétaires, l'envie d'avoir des produits, le pêle-mêle dans lequel vivent les animaux, font que les sujets sont employés trop tôt à la reproduction : c'est un grand tort; car les produits qui naissent de ces accouplements sont faibles, débiles, lymphatiques. L'âge le plus convenable pour la reproduction est de sept à quinze ans, mais les deux sexes peuvent commencer à donner des produits à cinq ans et continuer les fonctions de reproducteurs jusqu'à vingt ou vingt-deux ans.

Il y a peu de maladies qui nécessitent le rejet des animaux de la reproduction.

Tribus qui possèdent les meilleurs reproducteurs.

177. Il y a dans chaque subdivision un grand nombre de tribus qui ne devraient pas faire servir d'étalons leurs dromadaires et qui devraient en acheter chez celles qui en ont de beaux. Dans la subdivision de Mostaganem, les Ocherma et les Bordjia peuvent fournir de bons reproducteurs pour toutes les autres tribus, et même pour celles des autres subdivisions. Les Douairs de la subdivision d'Oran, les Beni-Mathar de la subdivision de Sidi-bel-Abbès, les Ouled-Yacoubzerara, les Harar de la subdivision de Mascara, et les Hamianes de la subdivision de Tlemcen, sont dans le même cas.

Les dromadaires du Tell peuvent être améliorés par

ceux des hauts plateaux et du Sahara ; et il y a tout intérêt pour les habitants du nord de l'Algérie à deman-
der des reproducteurs mâles à ceux du midi. Les tribus
chez lesquelles il faut prendre ces améliorateurs sont,
pour la division d'Oran, chez les Ouled-Yacoub-Ge-
rara, les Harar, les Hamianes ; chez les Ouled-Nayl, les
tribus qui occupent au delà de Boghar, pour la division d'Alger, et chez les Ouled-Abdel-Nour, pour la division de Constantine. Ces tribus sont celles qui possèdent les plus sobres, les plus rustiques, les plus grands,
les mieux conformés, les plus intelligents, etc., etc., et
partant, ceux qui sont les plus aptes à améliorer les
races telliennes.

Courses et haras.

Un savant orientaliste, M. le docteur Perrou, place
les courses et les haras au nombre des moyens d'amélioration. Voici ce qu'il dit à ce sujet : « Je voudrais
voir fonder en Algérie des haras de chameaux et des
courses de chameaux. Je voudrais que l'on fît pour le
chameau ce que l'on veut faire pour le cheval, car le
chameau est le courrier, le véhicule, le navire des déserts. Ce n'est que par lui, lui voyageur sobre, résistant,
dur, patient, que peut-être bientôt il nous sera permis
d'aller en caravanes arabes-françaises, explorer ces
centres africains si pleins d'hommes nouveaux et de
choses nouvelles. L'Algérie est une sorte d'imperium
littoral, un port d'où le commerce et la science, et avec
eux la civilisation, doivent envoyer leurs commis et leurs
millionnaires tout à travers la Nigritie, et au delà, tout
à travers un monde inconnu. »

Croisement du mahari et du dromadaire de bât.

Un reproche qu'on a souvent adressé à nos dromadaires de bât, c'est d'avoir la marche trop lente pour
suivre nos colonnes dans les courses rapides qu'elles
font, de ne pouvoir être employés au service de la selle.
Ce reproche est fondé, et il serait du plus haut intérêt,
tant pour l'État que pour les habitants de l'Algérie, de

chercher à le faire disparaître ou tout au moins de l'amoindrir le plus possible. On arriverait à ce résultat par le croisement des dromadaires de bât avec les mahara, et en créant une race intermédiaire entre celle de course et celle de somme. Il faudrait pour cela choisir dans chaque province un groupe de 50 ou 60 chamelles prises parmi celles qui appartiennent à la meilleure race, et dont les conditions d'âge, de forme, etc., sont les plus heureuses. Ces chamelles seraient placées chez un caïd qui en aurait soin comme si elles lui appartenaient. Elles seraient saillies par des mahara qu'on aurait fait acheter à Metlili ou mieux encore chez les Touareg. Les produits qui naîtraient de ces croisements seraient soigneusement surveillés, et on les élèverait conformément aux meilleures méthodes d'élevage du Sahara. On les habituerait tout à la fois au service du bât et à celui de la selle.

L'essai que nous avons l'honneur de soumettre à la sagesse et à l'appréciation de MM. les membres de la commission d'hygiène hippique est d'une exécution simple, facile, peu coûteuse, et semble devoir être suivi des plus heureux résultats.

CHAPITRE VII.

Du mahari.—Ses caractères différentiels.

Il est encore peu connu.

178. Le mahari (1) ou dromadaire de course est moins bien connu que le djemel, ou dromadaire de bât dont nous venons de tracer l'histoire. Très-peu d'Européens (2) et d'Arabes du Tell en ont vu. Les Sa-

---

(1) Les Arabes ne sont pas d'accord sur l'orthographe et sur la prononciation de ce mot : les uns écrivent et prononcent *mehari*, les autres *mahari*. Le mot mahari fait au féminin *maharia*, et au pluriel *mahara*.

(2) Les mahara commencent à venir à Lagouath et à Metleli, et plu-

hariens eux-mêmes ont rarement l'occasion de le voir à l'œuvre. Tout ce que nous en savons, ce sont les gens de l'intérieur de l'Afrique qui nous l'ont appris. Les peuples de ces contrées et ceux du Sahara ne parlent du mahari qu'avec une sorte d'admiration, et le font le sujet d'une foule de traditions populaires, racontées de la meilleure foi du monde par des gens qui disent en avoir été témoins, mais qui, le plus souvent, le tiennent d'autres personnes.

Caractères.

179. Les caractères physiques qu'on assigne au mahari sont les suivants : il est plus grand et moins corsé que le djemel ; sa tête est plus fine, plus petite ; ses yeux sont plus grands et rayonnent de douceur et d'intelligence ; sa lèvre inférieure n'est jamais pendante ; son cou est plus long et plus grêle ; sa bosse est plus petite ; ses jambes sont bien musclées à partir du jarret et du genou ; son pied est petit et peu bombé à sa face plantaire ; ses poils de couleur fauve sont d'une très-grande finesse, et ses crins sont courts, fins et soyeux. Les Arabes disent que le mahari est au djemel ce que le noble est au serviteur.

Lieux où on le trouve.

180. Le mahari n'est pas un animal de nos possessions africaines. Le seul pays qui lui convienne, c'est le désert, c'est-à-dire la région comprise entre le Sahara et l'intérieur de l'Afrique. Dans le désert même toutes les régions ne lui conviennent pas ; car certaines contrées n'en élèvent pas. Il ne vit, ni dans la partie montagneuse du pays des nègres, ni dans la zone septentrionale. Les seuls points de l'Algérie où il paraît, sont Metleli, Ouargla et Lagouath. Il y est amené par les Chamba qui les ont achetés ou volés aux Touareg.

---

sieurs officiers en ont vu de très-beaux. M. le commandant Niqueux nous a dit que, dans sa dernière tournée du sud, il a vu plus de vingt mahara ; qu'ils étaient tous d'une taille très-élevée, égale ou supérieure à celle des plus grands dromadaires.

Les meilleurs mahara se trouvent chez les Touareg noirs ; et chose bien digne de remarque, c'est que ces hommes ont imprimé leur cachet physique et leurs qualités morales à leurs serviteurs à un tel point, que l'on dirait que l'homme et l'animal ont été coulés dans le même moule. Les uns et les autres sont de taille élevée, aux formes anguleuses, aux corps maigres ; ils sont d'une agilité, d'une sobriété et d'une adresse sans égale. L'organisation du dromadaire est, comme celle de son maître, appropriée à la contrée qu'ils habitent l'un et l'autre. Jetés dans des dunes immenses de sables, entre un ciel brûlant et un sol aride, obligés de parcourir d'immenses distances pour se procurer une maigre nourriture, exposés aux rafales ardentes du simoün, ils sont doués d'une grande force de résistance contre les nombreuses causes de destruction qui les entourent et les menacent sans cesse.

Son origine est douteuse.

181. Les Arabes ne savent pas si la race des mahara a existé de tous les temps, ou si elle s'est formée sous l'influence des agents extérieurs et des croisements. Ce qu'on peut affirmer, c'est qu'elle existe depuis un temps infini (1), et qu'elle se propage aujourd'hui avec les caractères bien tranchés que nous avons décrits plus haut. Entre le mahari et le djemel il y a autant de différence qu'entre le cheval de course et le cheval de trait. Mais, pour que la race se conserve pure, il faut qu'elle ne sorte pas du désert, pour lequel la nature l'a créée ; car on a remarqué qu'en quittant son pays natal, elle dégénère d'autant plus qu'on se rapproche davantage de la zone septentrionale, et que les individus qu'on transporte dans les riches pâturages du Tell y meurent au bout de quelque temps.

---

(1) Hérodote, il y a 2200 ans, disait en parlant des Arabes de la grande armée de Xerxès : « Qu'ils montaient des chameaux d'une vitesse égale à celle des chevaux. » (Liv. vii, chap. 76.) Diodore, au liv. xix, chap. 37, dit en parlant de cette race : « Cette espèce de monture peut parcourir de suite 1500 stades (plus de 60 lieues). »

La reproduction et l'élevage du Mahari sont l'objet de soins bien plus grands que ceux qu'on donne au dromadaire de bât.

Choix des reproducteurs.

182. Le choix des reproducteurs attire d'une manière toute particulière l'attention du Targuy (1). Pour être accepté comme étalon, il ne suffit pas qu'un mahari ait de nobles ancêtres, des quartiers de noblesse, il doit avoir fait lui-même ses preuves dans maintes circonstances. Il sera impitoyablement livré à la castration s'il n'a pas parfaitement résisté aux fatigues, aux privations que ces animaux endurent dans les coups de main que les écumeurs du désert font contre les caravanes, si son éducation n'est pas parfaite. L'estimation de la maharia attire surtout l'attention des Touareg, car, suivant l'opinion généralement répandue, le produit hérite plus de la nature de sa mère que de celle de son père. Ainsi, il est capable de parcourir, entre le lever et le coucher du soleil, autant de fois l'espace d'une journée de marche que la femelle qui lui a donné le jour.

Soins donnés à la chamelle pendant la gestation.

183. On se sert de la maharia pendant tout le temps de la gestation ; on la conduit en razzia ; mais on la ménage progressivement à mesure que l'époque de la mise bas arrive.

Naissance.

184. Les naissances des jeunes dromadaires ont lieu à la même époque que dans le Tell.

Éducation et élève.

185. A toutes les époques de sa vie le mahari est entouré de soins, et ne reçoit que de bons traitements de la part de son maître. D'après les bruits populaires du Sahara, voici comment il serait élevé (2) : à peine l'ani-

---

(1) *Targuy* est le singulier de *Touareg.*
(2) *Exploration scientifique de l'Algérie*, t. 2.

mal est-il sorti du sein de sa mère, qu'on l'enterre dans le sable jusqu'au ventre afin que ses jambes encore faibles et délicates ne se déforment pas sous le poids du corps. Durant quatorze jours il reste emprisonné de cette manière. Pendant ce temps, le beurre est le seul aliment qu'on lui présente ; le quatorzième jour on lui donne un peu de lait maternel, et durant cinq jours encore le régime du beurre recommence. A l'expiration de cette nouvelle période, l'animal reçoit encore un peu de lait.

A la fin du premier mois, le mahari obtient sa liberté, ou, pour mieux dire, il change de prison. Il sort de ses langes de sable, et alors du moins il peut s'ébattre avec sa mère, mais on commence à le sangler, et il conserve cet état de gêne pendant trois mois. A la sangle succède l'anneau de fer auquel s'attache la bride. On le passe au nez de l'animal qui le conserve toute sa vie.

Mais ces bruits ne sont rien moins que vrais. Voici en quoi consiste la première éducation du mahari.

Aussitôt après sa naissance, on lui entoure l'abdomen d'une large ceinture de laine, non pas pour soutenir son intestin et pour empêcher son ventre de devenir trop volumineux, mais pour le mettre à l'abri des refroidissements et de la gastro-entérite qui fait tant de ravages chez les jeunes sujets.

Pendant huit ou dix jours il est admis sous la tente, les enfants jouent avec lui, et petit à petit il apprend à connaître ses maîtres et à se familiariser avec eux.

1ʳᵉ Tonte.

186. Au printemps de l'année suivante, c'est-à-dire douze ou quinze mois après sa naissance, on le tond, mais on ne le goudronne pas encore.

Sevrage.

187. A l'âge de quinze ou seize mois on sèvre le jeune mahari, et on lui perce la narine droite. Le sevrage s'obtient en plaçant sur le chanfrein deux morceaux de bois pointus qui se croisent en X. Lorsque le jeune ani-

mal veut téter, il pique sa mère qui le repousse par des ruades.

Ponction du nez.

188. La perforation de l'aile du nez est pratiquée au moyen d'un morceau de bois pointu qu'on laisse quelques jours dans la plaie.

2ᵉ Tonte.

189. Au printemps de la deuxième année, on le tond de nouveau, et lorsque les effets de cette opération sont finis, on commence son éducation, bien autrement importante et bien plus étendue que celle du djemel. C'est après la deuxième tonte que les Arabes de l'Asie marquent leurs dromadaires, mehara et djemels, avec un fer rouge, afin de pouvoir les reconnaître quand ils s'égarent ou sont volés. Chaque tribu, ou chaque *taïfé* (famille) a sa marque particulière, et l'applique généralement sur l'épaule gauche du dromadaire.

Dressage.

190. D'abord on lui met un licou (1) dont la longe s'attache à un des canons antérieurs, un homme reste près de lui pour le maintenir immobile, du geste et de la voix d'abord, puis de la voix seulement. Lorsqu'il a compris ce qu'on veut de lui, on le désentrave, mais s'il fait mine de vouloir bouger, vite on lui remet l'entrave. Les leçons ne cessent que lorsqu'il reste un jour entier la longe traînante à la place où l'a mise son maître.

Ce premier résultat obtenu, on rive à l'aile interne de la narine droite l'anneau en fer qui doit servir à le conduire. De cet anneau partent tantôt une, tantôt deux cordes en poils de chameau, qui longent les bords de l'encolure et qui viennent se fixer au pommeau de la selle. La sensibilité de la narine du dromadaire est telle, que la moindre pression suffit pour le diriger dans le sens où elle s'exerce. Elle le force à obéir à tout ce qu'on

---

(1) Le licou n'offre rien de particulier ; il est donc inutile d'en donner la description.

lui demande : il oblique à droite, à gauche, il recule tout aussi bien que le cheval le mieux dressé (1).

On place ensuite la selle sur le dos du mahari, et on l'y fixe à l'aide de cordes en poils de chameau. Cette selle (*rahhala* en arabe) recouvre la bosse, porte en arrière un dossier large et élevé, en avant un arçon élevé, et son siége est très-profond. Le cavalier, disent les Arabes, est assis sur la rahhala comme dans une tasse ; ses jambes, croisées, reposent sur le garrot, et son dos est appuyé comme sur le dossier d'une chaise. La rahhala ne porte pas d'étriers ; elle est recouverte d'une housse plus ou moins riche et de glands qui descendent jusqu'aux genoux du mahari.

On apprend ensuite au mahari à s'accroupir, à se lever, à se mettre en route, à s'arrêter, à rester accroupi à la même place pendant plusieurs jours, d'après les principes que nous avons indiqués. Mais on y met plus de soins et on exige une obéissance plus prompte et plus passive de la part du jeune animal. Emporté par sa course rapide, sur un mot, sur un geste, il doit ralentir son allure, s'arrêter, s'accroupir, se relever, repartir, tourner dans tous les sens.

Entraînement.

191. On cherche aussi à développer sa puissance respiratoire et ses forces musculaires à l'aide d'un entraînement progressif. On le monte au pas d'abord, puis

---

(1) On cite comme exemple le fait suivant : un voyageur s'étant arrêté sous une tente pour déjeuner, avait laissé pendant ce temps son mahari paître en liberté. Le repas et la sieste terminés, l'Arabe porta ses yeux autour de lui; le mahari avait disparu. Qu'était-il devenu ? Il n'avait pas dû s'enfuir ; les habitudes graves et flegmatiques de cet animal le rendent incapable d'une pareille étourderie. Enfin, le voyageur l'aperçoit à une grande distance, toujours calme et impassible, suivant son usage ; il court vers lui, et en se baissant pour ramasser la bride, il la trouve engagée dans un trou de gerboise. Un de ces rongeurs, attiré par l'odeur de l'huile dont le bout de la ficelle était imprégné, l'avait saisi avec ses dents pour l'emporter. Si faible qu'il fût, le mouvement de traction avait été senti par le mahari, qui s'était laissé conduire par son petit guide avec sa gravité et sa docilité habituelles.

on accélère son allure, et pour lui donner plus de vitesse, on lui sillonne les flancs avec un fouet ou avec une lame. Le jeune mahari se sentant piqué part de toute la vitesse de son allure. Pour ne pas trop le fatiguer, on l'arrête, on le calme de temps en temps.

Éducation supérieure.

192. A cette éducation, qu'on peut regarder comme de première nécessité, succède une éducation supérieure, si je puis m'exprimer ainsi. Le mahari bien dressé doit connaître la voix de son maître, et distinguer dans les différentes inflexions l'intention qui les a dictées. Il doit accélérer son allure lorsque son maître jette son sabre ou sa lance en avant, pour donner au cavalier le temps de ressaisir l'arme dans sa chute. Si au milieu d'une course à fond de train le cavalier plante sa lance dans le sable, le mahari, sans autre avertissement que le mouvement de son maître, doit s'arrêter court et tourner autour jusqu'à ce que la lance ait été relevée, et c'est alors seulement qu'il reprend la ligne droite. Si le cavalier tombe blessé dans le combat, le mahari doit s'arrêter auprès de lui et ne l'abandonner que lorsqu'il ne donnera plus signe de vie. La tradition dit encore que, lorsqu'un cavalier est étendu par terre, le mahari l'interroge d'un œil inquiet, et s'il respire encore, s'il lui reste assez de force pour faire un signe, le serviteur docile et intelligent s'abaisse pour l'aider à se relever (1).

Durée de l'éducation du mahari.

193. L'éducation du dromadaire de course est fort longue ; elle ne dure pas moins d'un an, et elle absorbe tous les moments de celui qui l'entreprend.

Qualités morales.

194. Le mahari est d'une douceur bien plus grande que le djemel ; il ne se plaint jamais, il obéit passive-

---

(1) *Revue scientifique de l'Algérie*, t. 2.

ment aux moindres caprices de son maître, il restera trois jours accroupi au même endroit ; jamais il ne pousse ces cris rauques, plaintifs, que le dromadaire de bât ne cesse de faire entendre, et cette qualité est précieuse, car il n'en faudrait pas davantage pour éventer un coup de main et pour faire manquer une razzia.

Sobriété.

195. La sobriété du mahari surpasse beaucoup celle du chameau. En temps ordinaire, il se contente de ce qu'il trouve sur sa route, et on affirme qu'un bon mahari fait jusqu'à soixante lieues sans boire ni manger ; qu'il peut rester deux jours sans aliments et sans boissons, et faire cent lieues ; qu'en été, il reste six jours sans boire, et qu'il se contente, chaque soir, de 4 à 5 kilog. d'orge, de farine d'orge ou de fèves ; qu'il peut marcher pendant trois jours et trois nuits sans boire ni manger, et parcourir une distance de cent cinquante lieues.

Allures.

196. Les allures du mahari sont le pas, l'amble et le galop. Un point sur lequel s'accordent tous les auteurs, toutes les personnes qui ont vu des mahara à l'œuvre, c'est que ces animaux sont doués d'une très-grande vitesse, et que, dans un temps donné, ils peuvent franchir des distances prodigieuses, plus grandes que celles que franchissent les meilleurs chevaux ; mais la plus grande dissidence règne entre les auteurs quand il s'agit de savoir quel est l'espace qu'un bon dromadaire de course parcourt dans un temps donné.

Vitesse d'après Hérodote.

197. Il y a 2400 ans, le père de l'histoire, Hérodote, disait des Arabes de la grande armée de Xerxès : « Qu'ils montaient des chameaux d'une vitesse égale à celle des chevaux. »

D'après Diodore.

198. Diodore, au livre XIX, chap. 37, dit en parlant du dromadaire employé aux courses rapides : « Cette espèce de monture peut parcourir de suite à peu près 1500 stades (plus de 60 lieues). »

D'après Shaw.

199. Le docteur Shaw, qui a vu le mahari à l'œuvre lors de son voyage au mont Sinaï, s'exprime ainsi : « Cet animal est particulièrement remarquable par sa grande vitesse. Les Arabes disent qu'il peut faire en un jour autant de chemin que les meilleurs chevaux en huit ou dix. Le shekh qui nous conduisit au mont Sinaï était monté sur un de ces dromadaires, et prenait souvent plaisir à nous divertir par la grande diligence de sa monture : il quittait notre caravane pour en aller reconnaître une que nous pouvions à peine apercevoir, tant elle était éloignée, et revenait à nous dans moins d'un quart d'heure. »

D'après Marmol.

200. Dans l'*Afrique*, de Marmol, tome 1ᵉʳ, page 49, nous lisons le passage suivant : « Les dromadaires vont si vite, qu'il y en a qui font trente-cinq ou quarante lieues en un jour, et continuent de la sorte huit ou dix jours, par les déserts, en ne mangeant que fort peu. »

Tous les seigneurs arabes de la Numidie, et les Africains de la Lybie, s'en servent comme de chevaux de poste quand l'occasion se présente de faire une longue traite, et les montent aussi dans le combat.

On a évalué à vingt lieues, en moyenne, l'étape des soldats du régiment de dromadaires lors de la campagne d'Orient.

D'après les Arabes du Sahara.

201. Les habitants du Sahara, avec cet amour du merveilleux qui fait un des principaux traits de leur caractère, racontent qu'il y a des mahara de différente vitesse, et que leur valeur se partage en dix degrés qui constituent les quartiers de noblesse de l'animal, depuis le simple chameau, qui chaque jour fait son étape, jusqu'au achari, capable de fournir dix étapes dans un jour. Les degrés intermédiaires se distinguent par les noms suivants :

Le dromadaire qui peut parcourir dans une seule journée l'espace de deux journées de marche s'appelle. . . . *Teni.*

Celui qui parcourt l'espace de trois journées.		. .	*Tlati.*
Id.	quatre	*id.* . . .	*Arbai.*
Id.	cinq	*id.* . . .	*Khernaci.*
Id.	six	*id.* . . .	*Sedaci.*
Id.	sept	*id.* . . .	*Sebici.*
Id.	huit	*id.* . . .	*T'manü.*
Id.	neuf	*id.* . . .	*Tecaï.*
Id.	dix	*id.* . . .	*Achari.*

Dans le Sahara, les légendes sur la vitesse du mahari sont nombreuses, mais le plus souvent ce sont des ouïdire : on a vu les témoins, mais non le fait (1).

Telle est l'opinion qu'on se forme généralement dans le Sahara de la vitesse du mahari ; mais les gens qui sont en position de connaître la vérité, en raison de leurs rapports fréquents avec les Touareg, assurent que tous ces faits sont exagérés. Les mahara à huit ou dix journées de marche sont, suivant eux, des inventions populaires qui ne portent sur aucune base réelle. Les dromadaires, disent-ils, sont comme les chevaux, il y en a de bons et de mauvais, mais jamais ils ne font plus de quatre étapes dans un jour. On n'en exige cinq que pour sauver sa vie, et il est rare que l'animal résiste à une aussi rude épreuve. Il faut alors marcher le jour et la nuit et presser le ma-

---

(1) En voici une que nous trouvons dans la *Revue scientifique de l'Algérie*, et qui nous a été contée à nous-même par un des chameliers que nous avons consultés. Un certain Hadji-Mohammed, de la tribu du Saïd-Atba, près de Ouargla, était possesseur d'un arbaï qu'il n'avait jamais eu l'occasion de mettre à l'épreuve. Un jour, il fut chargé par le chef de la tribu de porter une lettre à Ben-Djallal, le cheickh de Fuggurt. La distance entre cette ville et Ouargla est de 190 kilom. en ligne droite. Il partit donc un matin, et le lendemain, au coucher du soleil, il était de retour. Lorsqu'on le vit reparaître si tôt, mille conjectures se formèrent : on pensa d'abord qu'un accident lui était survenu en route et l'avait forcé à rebrousser chemin ; mais Mohammed eut bientôt dissipé tous les doutes en montrant à ceux qui l'entouraient le cachet de Ben-Djalal.

Un jour, les Chamba dirigèrent une razzia contre les Touareg et revinrent chargés de butin. Ils marchèrent huit jours de suite, et le neuvième, rassurés par la distance qui les séparait de leurs ennemis, ils s'arrêtèrent pour procéder au partage de la ressenia. Ils se livraient tranquillement à cette opération, lorsque les Touareg, montés sur leurs mahara, apparurent tout à coup comme un ouragan, et, avant que les Chamba eussent le temps de se reconnaître, reprirent tout ce qu'ils avaient perdu.

hari, soit avec le bâton, soit avec une petite lame qui lui déchire les flancs.

On dit, dans le Tell, que les mahara font en un jour dix fois la marche d'une caravane (cent lieues), mais les meilleurs et les mieux dressés ne vont pas au delà de trente-cinq à quarante lieues ; s'ils allaient à cent, pas un de ceux qui les montent ne pourrait résister à la fatigue de deux courses, bien que le cavalier se soutienne par deux ceintures très-serrées, l'une autour des reins et du ventre, l'autre autour des aisselles.

D'après les chameliers que nous avons interrogés.

202. Les Arabes que nous avons fait interroger sur la vitesse des mahara et sur la valeur des faits avancés ci-dessus, et surtout un chamelier très-renommé (1), de la tribu des Ouled-Yacoub-Zerara, qui a vu les Touareg de près, ont formulé ainsi leur opinion : un bon mahari peut faire soixante lieues du lever au coucher du soleil, et cent lieues en quarante-huit heures, sans boire ni manger, c'est-à-dire le chemin que des chameaux de charge ne pourraient faire qu'en dix jours et en cent vingt heures de marche ; il peut marcher pendant trois jours et trois nuits sans s'arrêter, et parcourir la même distance. Il a ajouté qu'en partant de Tiaret le matin à quatre heures, il arrivait facilement à Oran à quatre heures du soir.

Le mahari donne-t-il ou non le mal de mer ?

203. L'Arabe dont nous venons de parler assure que l'allure du mahari est très-douce, ne donne pas le mal de mer, et même que les cavaliers dorment en selle.

D'autres renseignements qui nous sont parvenus tendent, au contraire, à prouver que l'allure du mahari occasionne des nausées, et que c'est pour les éviter que les Touareg s'entourent le ventre et les reins de ceintures de laine. Thévenot (*Relation*, t. 1ᵉʳ, p. 313) dit : « Ils (les mahara) ont un bon trot assez doux, et font

---

(1) Il se nomme *Ben-Fratmi.*

facilement quarante lieues par jour ; il n'y a seulement qu'à bien se tenir. Il y a des gens qui se font lier dessus de peur de tomber.

Valeur commerciale du mahari.

204. Le mahari est pour les gens du désert un animal d'un prix incalculable : sans lui, il leur serait impossible de sortir des points très-circonscrits où la Providence les a jetés. Cet animal jouit de toutes les qualités du dromadaire de bât, et il les possède à un degré beaucoup plus élevé. Il est très-rarement affecté au transport des marchandises ; il sert plus spécialement à la selle. Il prête un grand secours aux caravanes, qui envoient des éclaireurs montés à dos de mahari pour s'assurer de l'état des routes. C'est avec les mahari que les Touareg entreprennent des voyages de trois à quatre cents lieues dans le désert, qu'ils tentent ces coups de main hardis contre les caravanes qui se rendent dans l'intérieur de l'Afrique, ou des razzias contre d'autres peuplades du désert (1).

---

(1) M. le général Daumas, dans son *Sahara algérien*, page 330, s'exprime de la manière suivante sur les expéditions des Touareg :

« Les grandes expéditions dans le pays des Nègres ou sur les Chamba, ou sur les caravanes qu'on sait être en marche, sont décidées dans un conseil tenu par les chefs.

« Tous ceux qui doivent partager les dangers et les bénéfices de l'entreprise partent quelquefois au nombre de 1500 ou de 2000 hommes, montés sur leurs meilleurs mahari. La selle d'expédition est placée entre la bosse de l'animal et son garrot ; la palette de derrière en est large et très-élevée, beaucoup plus que le pommeau de devant, et souvent ornée de franges en soie de diverses couleurs. Le cavalier y est comme dans un fauteuil, les jambes croisées, armé de sa lance, de son sabre et de son bouclier ; il guide son chameau avec une seule rêne, attachée sur le nez de l'animal par une espèce de caveçon, et parcourt ainsi des distances effrayantes, vingt-cinq à trente lieues par jour, sans se fatiguer.

« Chacun ayant sa provision d'eau et de dattes, la bande entière se met en marche à jour convenu, ou plutôt à nuit convenue, car, pour éviter la chaleur du soleil et l'éclat des sables, elle ne voyage que de nuit, en se guidant sur les étoiles. A quatre ou cinq lieues du coup à faire, tous mettent pied à terre, font coucher leurs chameaux qu'ils laissent à la garde des plus fatigués d'entre eux et des malades. Si c'est une caravane qu'ils veulent attaquer, et qu'elle ne soit pas trop forte,

8

Usage de la peau.

205. La peau du mahari sert aux mêmes usages que celle du djemel ; on dit qu'elle est plus épaisse. La chair est bonne à manger, mais le mahari est un animal trop précieux pour qu'on le sacrifie comme viande de boucherie.

On conçoit qu'il doit exister une grande différence entre le prix du mahari et celui du chameau de bât. Un bon mahari coûte de 400 à 500 boudjous d'Alger (de 720 à 800 fr.); un chameau ordinaire se vend 50 boudjous (90 fr.), et un bon chameau 70 boudjous (126 fr.).

Les mahara n'ont pas encore rendu de services à notre armée et à notre colonie d'Afrique, mais ils ont été employés par les anciens et par l'armée d'Orient, et tout ce que nous avons dit page 52 et suivantes, sur l'emploi du dromadaire à la guerre par les anciens et les modernes, s'applique plutôt à ces dromadaires qu'aux djemels.

---

ils entrent dedans en hurlant un effroyable cri de guerre. Ils se jettent dessus à coups de sabre et de lance , non pas qu'ils frappent au hasard cependant : l'expérience leur a appris à frapper leurs ennemis aux jambes ; chaque coup de leur large sabre met un homme à bas. Quand le carnage est fini, le pillage commence ; à chacun sa part, désignée par les chefs. Les vaincus morts ou blessés, ils les laissent là sans les mutiler, sans leur couper la tête, mais dans l'agonie du désespoir, au milieu du désert.

« Si la caravane est trop forte, ils la suivent à quelques lieues, s'arrêtant quand elle s'arrête, et faisant épier ses mouvements par des espions que les Arabes appellent *chouaf*; quand la discipline s'y relâchera, quand, sur le point d'arriver à sa destination, elle se croira quitte de tout danger, de toute surprise, et se gardera moins, ils tomberont sur elle. »

DEUXIÈME PARTIE.

Anatomie et Physiologie.

206. Il est presque superflu de dire qu'en écrivant ces pages sur l'anatomie et sur la physiologie du dromadaire, nous ne nous proposons pas de faire un traité d'anatomie et de physiologie descriptives. Nous voulons tout simplement faire connaître les différences principales que cet animal présente, et comparer son organisation à celle du cheval et du bœuf.

Cette deuxième partie de l'histoire du dromadaire se subdivisera en deux chefs : ANATOMIE et PHYSIOLOGIE.

Nous décrirons d'abord les différences anatomiques, puis nous étudierons le jeu des principales fonctions.

En anatomie comme en physiologie, certains appareils seront décrits avec détail, eu égard à leur importance et aux contradictions dont ils sont l'objet dans les auteurs, d'autres ne seront examinés que superficiellement.

1° ANATOMIE.

Division en sept chapitres.

207. Pour faire connaître les principales différences anatomiques nous passerons en revue tous les appareils d'organes dans l'ordre suivant :

1° Appareil de la locomotion ;
2°   *Id.*   de la sensibilité ;
3° Angéiologie ;
4° Appareil de la respiration ;
5°   *Id.*   de la digestion ;
6°   *Id.*   de la sécrétion urinaire ;
7°   *Id.*   de la génération.

CHAPITRE PREMIER.

Appareil de la locomotion.

Il se divisera naturellement en deux paragraphes : OS et MUSCLES.

1° SYSTÈME OSSEUX.

Le système osseux présente de nombreuses différences. Nous allons faire connaître les principales en les décrivant région par région.

Squelette.

208. Le squelette du dromadaire se compose de cent soixante-douze os, comme celui des grands ruminants.

A. *Tête.*

209. La tête du dromadaire est moins volumineuse que celle du cheval ou du bœuf, et ses diamètres sont plus courts. La partie supérieure ou crânienne est longue et large, tandis que la partie inférieure a une disposition inverse : ainsi, si l'on mesure la tête du sommet de l'occipital au niveau de l'angle interne des yeux, on trouve une longueur plus grande que de ce point au bord libre du petit susmaxillaire.

La tête présente, supérieurement, des fosses temporales, des crêtes, des aspérités tout aussi développées que chez les animaux carnassiers du premier ordre, et beaucoup plus que chez les herbivores. Par contre, ses cavités nasales sont moins spacieuses que celles du cheval.

Frontal.

210. Le frontal occupe la même position que dans le cheval, par conséquent, il est beaucoup moins étendu que chez le bœuf et que chez le mouton ; il forme toute l'arcade orbitaire. L'apophyse orbitaire se prolonge jusque dans le milieu de la fosse temporale, et s'articule d'une manière très-solide et sur une large étendue avec le zygomatique. Le trou surcilier n'est pas placé à la base de l'apophyse orbitaire, mais bien sur le bord de l'orbite et à une très-petite distance de l'os lacrymal. Le frontal présente encore quatre trous, dont deux occupent la région médiane de l'os, et deux la région inférieure. Ceux-ci sont au niveau des trous surciliers.

Pariétal.

211. Même position que dans le cheval ; plus de convexité à sa surface externe, et dans le milieu une forte crête qui se bifurque inférieurement, comme chez les solipèdes.

Occipital.

212. Même position que dans le cheval, mais plus étendu et offrant des différences très-grandes, à savoir : région occipitale plus étendue et s'avançant plus avant sur la région frontale ; protubérance transversale, considérablement plus élevée et formant aussi le sommet de la tête ; région sous-occipitale très-étendue, remarquable par ses empreintes et ses cavités, et donnant implantation aux muscles et aux ligaments ; arête mastoïdienne très-accusée ; canal rachidien plus développé ; condyles moins saillants et moins accentués ; sur les parties latérales de la crête mastoïdienne, il existe deux trous, l'un à droite et l'autre à gauche, qui pénètrent dans la cavité crânienne.

Sphénoïde.

213. Volume plus grand de l'apophyse sous-sphénoïdale.

Temporal.

214. Portion écailleuse moins étendue que dans le cheval ; elle ne forme qu'une partie de l'arcade zygomatique et ne concourt pas à la formation de l'arcade orbitaire. Son condyle offre une large surface, mais il est fort peu détaché du corps de l'os ; l'apophyse sus-condylienne est très-développée.

La portion tubéreuse est très-irrégulière et garnie de très-fortes aspérités ; son apophyse mastoïdienne est moins mamelonnée, moins grosse et moins pyriforme.

Grand susmaxillaire.

215. Cet os est moins étendu que chez le bœuf et que chez le cheval. La face externe est dépourvue d'épine susmaxillaire ; sa face palatine n'a pas de scissure longitudinale, mais elle présente, au niveau de chaque dent molaire, un trou qui pénètre dans l'épaisseur de l'os.

Son extrémité inférieure porte l'alvéole des crochets et des canines supplémentaires.

Petit susmaxillaire.

216. Cet os diffère de celui des autres grands ruminants, en ce qu'il présente les alvéoles des deux dents incisives de la mâchoire supérieure. Il est moins large que chez le bœuf.

Sunasal.

217. Diffère peu de celui du bœuf.

Lacrymal.

218. Cet os se soude de très-bonne heure avec ceux qui l'environnent. Sur les quatre têtes qui sont à notre disposition, il nous est impossible de découvrir les lignes qui le séparent des os qui l'entourent. Il ne présente pas de fosse larmière.

Zygomatique.

219. Même particularité que chez le bœuf. Supérieurement, il donne deux prolongements : l'un contribue à former l'arcade zygomatique et s'articule par juxtaposition avec le temporal, l'autre s'unit à l'apophyse orbitaire du frontal. Il se soude de très-bonne heure avec les os environnants, et, dès l'âge de dix ans, on ne peut déjà plus en reconnaître les délimitations.

Palatin.

220. Les palatins offrent pour différence principale d'être moins étendus que dans les autres ruminants, et même que dans le cheval. Les crêtes palatines ne sont pas moins fortes que chez le bœuf, et l'ouverture gutturale des naseaux a la même forme.

Maxillaire.

221. La symphyse maxillaire se soude comme dans

le cheval. Les alvéoles sont au nombre de dix-huit, et quelquefois de vingt, dont dix pour les molaires, six pour les incisives, deux pour les crochets, et deux pour les crochets supplémentaires. Le bord postérieur des branches est tranchant et presque dépourvu d'empreintes; l'apophyse coracoïde présente la même forme que dans le cheval, tandis que le condyle ressemble à celui du bœuf. Au-dessous des condyles, on voit une apophyse très-prononcée et séparée des condyles par une échancrure semi-lunaire.

Hyoïde.

222. Cet os est un de ceux qui présentent le plus de différences; il est composé de six os; les grandes branches sont elles-mêmes composées de deux pièces.

Toutes les pièces de l'hyoïde sont unies au moyen d'un fibro-cartilage qui a de un à deux millimètres de longueur, et qui, par conséquent, permet des mouvements aussi étendus que variés. L'hyoïde n'enveloppe pas le cartilage thyroïde. Ces deux organes sont fixés l'un à l'autre à l'aide d'un ligament élastique qui va s'articuler à une petite corne que présente le cartilage thyroïde dans sa partie postérieure.

B. *Os du bassin.*
Sacrum.

223. Il est plus court, moins large et plus cintré d'avant en arrière que dans les autres ruminants; il se compose de quatre pièces qui se soudent de très-bonne heure; les apophyses de l'épine sussacrée sont complétement séparées à leur sommet; les trous sussacrés et soussacrés ne sont qu'au nombre de trois. Cet os s'articule avec la dernière vertèbre lombaire par trois points de contact; il s'unit au bassin par juxtaposition, et cette articulation, à toutes les époques de la vie, est très-facile à séparer.

Coxal.

224. Aucun de nos grands animaux domestiques n'a le canal aussi peu développé dans tous ses diamètres et dans toutes ses parties; la symphise ischiale nous paraît

se souder à peu près comme chez les solipèdes. La cavité cotyloïde est large, profonde, et présente du côté
de l'ischium une gouttière dans laquelle glisse le ligament rond ; les tubérosités ischiales sont fortement accusées.

Coccyx.

225. Il se compose du même nombre d'os que chez le
bœuf, et ces os n'ont rien de bien remarquable.

Os des membres.

Fémur.

226. Cet os est plus long et plus grêle que dans le bœuf
et que dans le cheval ; sa tête est moins forte et moins détachée du corps de l'os; son trokanter est beaucoup moins
prononcé; son trachiter est moins développé; ses condyles
sont moins volumineux que chez les animaux précités ;
les deux bords de la poulie sont également élevés ; la
crête épicondylienne est très-saillante, et la cavité dans
laquelle s'attachent les tendons des muscles fémoro-préphalangien et tibio-prémétatarsien est peu profonde.

Tibia.

227. Cet os diffère peu de celui du bœuf.

Péroné.

228. Il est remplacé par un ligament.

Os du jarret.

229. Très-peu de différence, comparée à ceux du
bœuf.

Péronés.

230. Comme chez le bœuf, les deux métatarsiens
secondaires manquent.

Canon.

231. Même forme que dans le bœuf, dont il diffère
cependant par la présence des deux crêtes situées à la
face postérieure, formant une sorte de gouttière et donnant attache au tendon du suspenseur du boulet et à
une gaîne fibreuse qui enveloppe les tendons fléchisseurs
du pied.

Os du paturon et de la couronne.

232. Ils présentent la plus grande analogie avec ceux du bœuf.

Os du pied.

233. Il est très-petit et de forme triangulaire ; sa face supérieure présente de nombreuses empreintes.

Scapulum.

234. Cet os est plus long, plus large et plus fort que chez le bœuf. L'acromion descend jusqu'à très-peu de distance de la cavité cotyloïde, et divise sa face externe en deux parties presque égales ; la cavité est peu profonde et l'apophyse coracoïde offre un grand développement.

Humérus.

235. Il est court et très-fort ; ses éminences antérieures sont fortement développées.

Cubitus.

236. Cet os ne forme pas un os distinct, mais tout simplement une apophyse du radius. Lorsque le sujet est arrivé à l'âge adulte, les deux os du bras sont si bien soudés, qu'on ne voit plus aucune trace de séparation.

Radius.

237. La seule différence qu'il présente avec celui du bœuf, c'est d'être plus long.

Os du carpe.

238. Les os du carpe sont plus gros que chez les autres ruminants ; l'os crochu se fait surtout remarquer par son volume et donne attache à des tendons très-forts.

Os du métacarpe et de la région digitée.

239. L'os du canon et celui de la région digitée présentent les mêmes différences qu'aux membres postérieurs.

Vertèbres.

240. Les vertèbres du dromadaire présentent de nombreuses et importantes différences. Nous allons indiquer les principales.

Vertèbres cervicales.

241. L'atloïde est beaucoup moins forte, beaucoup moins volumineuse que dans le cheval et dans le bœuf; ses apophyses trachéliennnes sont très-peu développées, ne se courbent pas en bas, et ne sont pas terminées par un bord épais et raboteux; son canal rachidien est très-évasé, et ses surfaces articulaires sont fortement étendues.

242. L'axoïde est plus longue et plus grêle que chez le bœuf; ses surfaces articulaires antérieures sont très-larges et très-développées. Celles de la région postérieure, au contraire, le sont très-peu.

Toutes les autres vertèbres cervicales se font remarquer par le développement de leurs apophyses trachéliennes, qui augmente d'avant en arrière jusqu'à la septième, par l'étendue de leurs surfaces articulaires et par le développement de leurs apophyses épineuses.

Vertèbres dorsales.

243. Même nombre que dans le bœuf; courtes, fortes, solidement fixées, ne jouissant que de mouvements bornés. Les neuf premières ont des apophyses épineuses d'une grande longueur, d'une largeur considérable, et toutes sont plus ou moins inclinées d'avant en arrière. Elles forment la base du garrot. Les apophyses épineuses des trois dernières vértèbres dorsales sont plus courtes et ont une direction perpendiculaire à l'axe de l'os.

Les têtes et les cavités des vertèbres du dos sont peu prononcées, et le fibro-cartilage qui les unit est très-serré.

Leurs apophyses articulaires sont peu étendues, peu détachées, et permettent d'autant moins de mouvements, qu'on se rapproche davantage de la région lombaire. Elles sont placées en dessus du canal rachidien, excepté dans les trois dernières, où elles occupent les parties latérales.

Vertèbres lombaires.

244. Dans aucun de nos grands animaux domestiques, les vertèbres lombaires n'offrent autant de solidité et de force, et des mouvements aussi bornés que chez le dromadaire. Leur corps augmente de volume, de la partie antérieure au sacrum ; leurs apophyses épineuses sont peu élevées, mais elles sont très-solides ; celles des trois premières vertèbres sont dirigées perpendiculairement au corps de l'os, tandis que celles des autres ont une direction oblique d'arrière en avant.

Les apophyses articulaires sont complétement détachées du corps de l'os, et elles le sont d'autant plus, qu'on se rapproche davantage du sacrum. Elles sont situées sur les parties latérales du canal rachidien. Les postérieures sont odontoïdes ou cylindroïdes, et elles sont reçues dans des cavités où elles rentrent presque à frottement. Leur forme, leur volume, leur étendue, augmentent en raison inverse de la liberté des mouvements dont elles jouissent.

La tête et les cavités de ces vertèbres sont peu apparentes, et les fibro-cartilages qui les fixent sont très-courts et très-solides.

Les apophyses transversales des vertèbres des lombes ont un développement très-grand, et elles sont dirigées d'avant en arrière.

2° SYSTÈME MUSCULAIRE.

Généralités.

245. Le système musculaire est beaucoup moins développé chez le dromadaire que chez les autres herbivores, et surtout que chez le bœuf, où il prend des proportions extraordinaires, sous l'influence de la nourriture et de certains agents extérieurs. Cette différence est tellement grande, qu'elle n'échappe à personne, et que tout d'abord on se demande comment, avec des membres aussi grêles, une charpente aussi lourde, cet animal peut faire d'aussi longues routes ou porter des fardeaux aussi lourds. Ce qui paraît plus étonnant encore, c'est de voir que les régions qui, chez les autres animaux domestiques, porteurs ou coureurs, ont des muscles très-développés, chez celui qui nous occupe ont les muscles très-grêles. La croupe, la fesse, les reins des chevaux de course ou de trait sont richement musclés, tandis que chez le dromadaire ils sont d'une maigreur étonnante.

Ce peu de développement du système musculaire tient à deux causes : à l'organisation particulière du sujet et aux conditions hygiéniques au milieu desquelles il passe sa vie, et qui sont loin d'être favorables à son accroissement.

La couleur des muscles des dromadaires est assez semblable à celle des muscles du bœuf. Dans le jeune âge, sa chair ressemble à celle du veau ; dans l'âge adulte, elle brunit, mais elle ne devient jamais aussi foncée en couleur que chez le bœuf.

La fibre musculaire se présente sous un volume plus grand et est douée d'une force plus considérable que chez les autres ruminants et même que chez les solipèdes. La manière dont le dromadaire est élevé et nourri, etc., explique facilement cette différence. Elle n'est entourée de tissu adipeux que chez les sujets bien nourris et qui ne souffrent pas de la faim ni de la soif. Aussi la chair du dromadaire n'est ni aussi savoureuse, ni aussi succulente que celle du bœuf. Tout nous porte à croire que dans de meilleures conditions sa chair s'améliorerait et deviendrait tout aussi bonne que celle des autres ruminants.

Un fait digne de remarque, c'est que, si la fibre musculaire n'est pas très-développée, en revanche, les tendons, les intersections tendineuses le sont à un degré bien supérieur à tout ce qu'on observe dans le cheval et dans le bœuf. Il est rare de trouver chez le dromadaire un muscle qui ne s'accompagne pas d'un tendon ou d'une intersection tendineuse ; très-souvent on rencontre même ces deux choses réunies. Dans les muscles, composés de parties charnues et de parties tendineuses, celles-ci ont toujours un volume et une force très-grande. Cette disposition est frappante, surtout à la jambe, aux avant-bras et à la région dorsale. Pour s'en convaincre, on n'a qu'à jeter un coup d'œil sur l'ilio-spinal, sur le bi-fémoro-calcanéen, ou sur le fémoro-phalangien, ou bien encore sur un des muscles de la face postérieure du bras. La nature a donc remplacé chez le dromadaire le peu de développement des fibres musculaires par un grand développement de la fibre tendineuse. Nous verrons plus loin qu'un autre ordre d'organes concourt au même but et remplit les mêmes fonctions. Nous voulons parler des aponévroses et des ligaments.

Nous allons faire connaître les différences anatomiques que nous avons notées dans les principales régions du corps.

Muscles sous-cutanés.

246. Les muscles sous cutanés sont beaucoup moins développés que chez le cheval, et surtout que chez le bœuf. Aussi la peau du dromadaire n'est-elle pas le siége de ces contractions diverses et étendues qu'on observe chez les grands ruminants. Elle adhère fortement aux parties sous-jacentes à l'aide d'un tissu cellulaire court, dense, serré, qui rend très-difficile sa séparation, même par l'insufflation après la mort.

Muscles de la tête.

247. Aux lèvres, les muscles sont nombreux, bien dessinés et susceptibles de mouvements étendus et variés.

Les muscles destinés à écarter et à rapprocher les mâchoires dans les phénomènes de la mastication, etc., ont un développement beaucoup plus considérable que dans n'importe quel autre herbivore ; ils remplissent les fosses temporales, dont le développement est si grand, et ils contribuent à donner à la tête le volume énorme qu'elle présente supérieurement.

Muscles de l'encolure.

248. Aux régions de l'encolure, nous trouvons des muscles d'une grande longueur, mais quelle différence sous le rapport de la force et du volume ! Ces muscles prennent des points d'attache solides aux vertèbres, à la tête, ainsi qu'on peut s'en convaincre en jetant un coup d'œil sur la forme et le développement des apophyses, des crêtes, etc., de ces régions.

À l'encolure, la nature a disposé les organes plutôt

pour le mouvement et la souplesse que pour la force, les vertèbres ont des surfaces articulaires très-larges et le ligament cervical est d'une très-grande force.

Muscles du dos et des lombes.

249. Les muscles de la région du dos et des lombes sont peu développés et présentent les différences suivantes :

Le dorso-acromien va jusqu'aux dernières vertèbres dorsales par une portion semi-tendineuse, il est composé d'une série de digitation disposée en forme d'éventail.

Le dorso-sous-scapulaire est plus petit que dans le cheval, il n'occupe que la partie postérieure du scapulum et ne s'insère pas à la face interne du cartilage de cet os, mais à sa face externe : aussi devrait-il être nommé dorso-sus-scapulaire.

Le dorso-huméral est moins étendu et moins charnu que dans le bœuf et dans le cheval ; il ne s'étend pas au delà des vertèbres qui correspondent à la bosse.

L'ilio-spinal a peu de fibres charnues, mais, en revanche, il est formé de digitations tendineuses aussi remarquables par leur nombre que par leur force. A son origine il n'est pas recouvert par le grand fessier.

Les transversaires épineux ne présentent rien de particulier.

Muscles des parois abdominales.

250. Les quatre muscles de cette région sont moins charnus que dans le cheval, aussi la paroi abdominale est-elle moins forte et moins épaisse.

La tunique abdominale, au contraire, a une étendue et une épaisseur plus considérables, et c'est elle qui donne à la région qui nous occupe sa plus grande solidité.

Muscles de la région sous-lombaire.

251. Cette région ne nous offre que peu de différences, et celles-ci portent plutôt dans le peu de développement des fibres musculaires que dans la forme des muscles.

Muscles de la région axillaire.

252. Les membres antérieurs sont fixés au tronc par

des muscles remarquables par leur longueur, mais généralement beaucoup plus grêles que dans le cheval et
dans le bœuf.

Muscles des membres.

253. Il y a aux membres deux différences que nous
allons tout d'abord indiquer, parce qu'on les trouve
dans tous les muscles. Ce sont la longueur plus grande et
le peu de développement des fibres musculaires. Toutes
les fois qu'on compare un muscle du dromadaire au
muscle qui lui correspond dans le bœuf ou dans le cheval, on est toujours sûr de lui trouver ces deux différences. Nous croyons donc devoir en parler tout d'a-
bord, pour n'avoir pas à y revenir quand il sera question de chaque muscle en particulier.

Muscles des membres postérieurs.

254. Les deux différences dont nous venons de parler
sont plus prononcées aux membres postérieurs qu'aux
antérieurs. Il en est de même de plusieurs autres qui
tiennent à la forme, à la direction, aux rapports des
muscles. Nous allons faire connaître les principales en
passant en revue les régions les unes après les autres.

Région de la fesse.

255. La région de la croupe est une de celles qui offrent le plus de différence à l'extérieur, elle ne présente
pas le tiers de l'étendue qu'elle a chez les autres animaux, et la saillie qu'elle forme est peu prononcée.
Elle se compose de trois muscles.

1° Le moyen fessier est, comme chez le cheval, le plus
superficiel des trois et le moyen en grosseur, mais il
est complétement charnu. Sa différence principale consiste dans la présence d'un tendon long, épais, aplati,
qui se détache de sa partie charnue au niveau de l'articulation coxo-fémorale, longe le muscle ischio-tibial
externe auquel il est intimement uni, et va s'insérer à
la partie supérieure et externe du tibia. Cette disposition
est frappante et tout à fait particulière au dromadaire.

Le grand fessier est non-seulement plus grêle, moins

étendu que chez les autres animaux, mais il présente encore une autre particularité, c'est l'absence de prolongement antérieur qui chez le cheval et chez le bœuf recouvre l'origine du muscle ilio-spinal et concourt à augmenter son action.

Les usages de ce muscle sont moins étendus et moins puissants que chez les autres animaux, et c'est à cela, en partie, qu'il faut attribuer l'impossibilité du cabrer et de quelques autres attitudes chez le dromadaire. •

Petit fessier. Rien de particulier.

Région crurale antérieure.

256. On observe aussi quelques différences dans cette région.

L'ilio-aponévrotique est plus étroit, plus grêle, et il occupe non-seulement la partie antérieure de la cuisse, mais encore il se prolonge en dedans. Sa partie charnue prend son origine en avant et en dedans de l'ilion, et n'a pas plus de 8 ou 10 centimètres de longueur. La partie aponévrotique est très-mince, et se confond avec l'aponévrose fibreuse jaune qui tapisse la face antérieure et la face interne de la cuisse.

Le trifémoro-rotulien ne présente rien de particulier, si ce n'est qu'il est plus grêle et plus long.

Nous pouvons en dire autant de l'ilio-rotulien.

Point de muscle ilio-fémoral.

Région crurale postérieure.

257. Cette région est une des moins bien musclées.

L'ischio-tibial externe, par sa forme, par sa position, par ses rapports, ressemble beaucoup à celui du cheval. Il en diffère par l'absence du prolongement qui se porte jusqu'à l'épine sacrée.

L'ischio-tibial moyen n'a pas non plus de prolongement sacré.

Les deux autres muscles n'ont rien de particulier.

Région crurale interne.

258. Le sous-lombo-tibial est divisé à son origine en deux parties comme chez le bœuf.

La portion charnue du muscle sous-pubio-tibial est moitié moins large et moitié moins épaisse que dans le cheval, mais elle est beaucoup plus longue. Elle descend jusqu'à quatre travers de doigts de l'articulation fémoro-tibiale. Sa portion aponévrotique offre une disposition en tout inverse.

Sus-pubio-fémoral. Rien de particulier.

Sous-pubio-fémoral. Même disposition que dans le bœuf.

Il en est de même des obturateurs.

Le muscle sacro-trokantérien manque.

Région de la jambe.

259. La région postérieure ne présente d'autres différences que plus de développement dans les cordes et dans les intersections tendineuses, et moins dans les parties charnues de chaque muscle.

La région antérieure est une de celles qui s'éloignent le plus de celle des animaux qui nous servent de terme de comparaison. Elle se compose de sept muscles, tandis que chez le bœuf elle n'en a que six et que trois chez le cheval. Malgré le nombre plus grand de ses muscles, la région prétibiale ne présente qu'une faible saillie. Cela est dû au peu de volume de la partie charnue de chaque muscle et au grand développement de sa partie tendineuse. Nous allons donner ici une description succincte de cette région. Ces muscles, nous l'avons dit, sont au nombre de sept; nous les appellerons : tibio-prémétatarsien externe, péronéo-préphalangien, fémoro-préphalangien commun, fémoro-préphalangien interne, fémoro-prémétatarsien, tibio-prémétatarsien interne, tibio-prémétatarsien grêle :

1° Tibio-prémétatarsien externe. Muscle piriforme, tendineux à son extrémité inférieure, musculeux à sa partie supérieure, occupant la face externe du tibia et se trouvant placé entre le muscle tibio-préphalangien externe qui le cotoie en dedans et le muscle fémoro-préphalangien commun, auquel il adhère en dehors.

9

Son origine a lieu à la face antérieure du tibia par des fibres charnues.

Il s'insère à la partie supérieure et externe du canon.

Il a pour usage de fléchir le canon sur la jambe;

2° Tibio-préphalangien. De même forme que le précédent, qu'il longe et qu'il accompagne jusqu'à la malléole externe du tibia, le tibio-préphalangien, parvenu à ce point, s'enfonce dans une coulisse profonde en forme de croissant, et son tendon croise en X le tendon du tibio-prémétatarsien, longe le jarret et la face antérieure du canon; puis, parvenu au boulet, il se bifurque et envoie une de ses branches à la deuxième phalange, tandis que l'autre s'arrête à la première.

Ce muscle prend son origine à la partie supérieure et antérieure du tibia par des fibres charnues. Il s'insère par un petit tendon, d'une part, à la partie antérieure du premier os de la région digitée, et, d'autre part, à la partie antérieure et externe du second os de cette région;

3° Fémoro-préphalangien commun. Ce muscle, situé sur la face antérieure de la jambe, se confond par sa partie charnue avec les deux suivants, et à eux trois ils forment une petite masse fusiforme qui descend jusqu'aux deux tiers inférieurs du tibia. Parvenus à ce point, les trois tendons se séparent et prennent chacun une direction particulière. Le tendon du fémoro-préphalangien glisse sur la face antérieure du jarret, où il rencontre le tibio-prémétatarsien grêle; puis il longe le canon, et, arrivé à la partie inférieure de cette région, il se divise en deux branches, dont une pour chaque doigt. Chacune de ces deux branches se subdivise elle-même en deux petits tendons qui vont s'attacher, un au deuxième, et l'autre au troisième phalangien.

Origine, à l'extrémité inférieure du fémur, par un fort tendon.

Insertion, à la partie antérieure des os de la deuxième et troisième phalange;

4° Fémoro-préphalangien interne. Même forme, même origine, même direction que le précédent, jusqu'au boulet. Son tendon, parvenu à cette articulation, se porte sur le doigt interne et se divise en deux branches, dont une s'insère à la partie supérieure de la première phalange, et l'autre à la partie supérieure de la deuxième. Ce muscle est au doigt interne ce que le tibio-préphalangien externe est au doigt externe ;

5° Fémoro-prémétatarsien. J'ai déjà dit que ce muscle, par son tendon d'origine, par sa partie charnue, se confond avec les deux précédents, et que leur union est si intime, qu'il est impossible de les séparer.

Son tendon inférieur, très-volumineux, se divise en deux branches, dont une s'insère à la partie médiane, et l'autre à la partie interne du canon ;

6° Le tibio-prémétatarsien interne est placé en dedans et au-dessous du précédent ; il repose sur la partie interne de la face intérieure du tibia. Sa partie charnue est peu considérable ; son tendon est très-fort.

Il prend son origine à la partie supérieure du tibia, et il s'insère à la partie supérieure et interne du canon, où il se confond avec le ligament interne de l'articulation ;

7° Le tibio-prémétatarsien grêle est situé à la partie inférieure de la jambe, n'est formé que par une petite bandelette charnue qui s'échappe de la tubérosité inférieure et interne du tibia, passe sur l'articulation du jarret, et, parvenu sur le canon, s'unit aux tendons des muscles tibio-préphalangien et fémoro-préphalangien, dont il est le congénère.

Muscle tarso-phalangien.

260. La corde tendineuse du suspenseur du boulet est beaucoup plus forte que dans aucune autre espèce ; elle est logée dans une gouttière profonde que lui forme le canon.

A sa partie supérieure, le tarso-phalangien est composé de deux branches. Une descend du sommet du calcanéum, l'autre naît de la partie postérieure du jarret, comme dans toutes les autres espèces. C'est au développement de ce muscle que le jarret et la partie inférieure des membres doivent la plus grande partie de leur force et de leur solidité.

9.

Muscles des membres antérieurs.

261. Aux membres antérieurs, les muscles présentent moins de différences. Par leur volume, par leur force, par leurs rapports, ils ressemblent beaucoup à ceux du cheval, et, plus encore que chez ce dernier, ils sont entourés de fortes aponévroses.

Muscles de l'épaule.

262. Les muscles des deux régions de l'épaule ressemblent beaucoup à ceux du cheval, et ne présentent que des différences légères.

Muscles des bras.

263. A la région préhumérale, le caraco-radial manque inférieurement d'expansion fibreuse, et son tendon supérieur a une largeur, une épaisseur, une force beaucoup plus grandes que dans le bœuf et dans le cheval.

A la région olécranienne, nous avons constaté l'absence du long scapulo-olécranien.

Muscles de l'avant-bras.

264. Les muscles situés aux deux régions de l'avant-bras ne diffèrent de ceux du cheval que par leur plus grand développement dans la partie charnue et dans la partie tendineuse.

Muscle suspenseur du boulet.

265. Le muscle carpo-phalangien présente un développement considérable; l'os du canon lui forme une gouttière dans laquelle il se loge, et où il adhère très-fortement. A sa partie supérieure, il est formé de deux branches, dont une descend de l'os crochu.

Muscles du pied.

266. A la région antérieure des canons, tant antérieurs que postérieurs, même disposition anatomique que dans les grands ruminants.

A la région postérieure, les tendons des muscles perforants et perforés présentent des différences notables : le tendon du perforant, parvenu aux deux tiers inférieurs du canon, se divise en deux branches, une pour chaque doigt, et chaque branche, arrivée à l'articulation métatarso-phalangienne, renfle subitement sur une étendue de cinq à six centimètres, et c'est à ce renflement, de forme olivaire, qu'est dû, en partie, le développement du boulet en arrière. Au-dessous de l'articulation précitée, le tendon reprend ses dimensions et sa forme primitives, et chemine ainsi sur un trajet de quatre à cinq centimètres ; puis il se renfle de nouveau, et cette seconde dilatation, plus considérable que la première, correspond à l'articulation des 1re et 2e phalanges. Enfin, le tendon s'aplatit et vient s'insérer au troisième phalangien.

Le perforé, parvenu au-dessous du boulet, s'élargit, prend un volume considérable, devient fibro-cartilagineux, et contribue à donner au talon sa forme et son développement.

ANATOMIE DU PIED.

Le pied du dromadaire a une organisation anatomique toute particulière. Nous allons en donner une idée en examinant les parties qui le composent :

1° *Région antérieure.*

267. Elle présente à nos études la peau, l'ongle, la courbe cellulo-fibreuse sous-cornée, les tendons des muscles extenseurs du pied, la face supérieure des ongles de la deuxième et de la troisième phalanges.

268. A. *La peau* qui recouvre la face supérieure du pied est épaisse et recouverte de poils longs, épais et raides. Par sa face interne, elle adhère aux tissus sous-jacents à l'aide d'un tissu cellulaire doux et serré.

Sillon interdigité.

269. Dans le milieu de cette surface, on voit un sillon profond, dans lequel la peau s'infléchit et concourt à former la cloison interdigitée.

270. B. *L'ongle.* Chaque doigt du dromadaire se termine par un ongle ou sabot rudimentaire, ayant la plus grande ressemblance avec l'ongle du gros doigt du pied de l'homme.

Sa forme.

Cet ongle recouvre la surface externe du dernier phalangien, ne s'infléchit pas inférieurement, et est complétement distinct de la semelle de corne qui tapisse la surface plantaire du pied. Il a de trois à quatre centimètres de large sur quatre centimètres de long.

Faces.

Sa face externe est convexe et divisée dans le milieu par une crête longitudinale. Sa face interne, concave, présente des fibres longitudinales qui ont la plus grande analogie avec les fibres qu'on voit à la face interne de la paroi du pied des solipèdes.

Bourrelet.

L'ongle du dromadaire est sécrété par un bourrelet ou matrice qui entoure tout son bord supérieur. Son bord inférieur est complétement libre et repose sur le sol.

Le bourrelet et l'ongle sont recouverts par un périople très-développé.

Examen microscopique.

Si l'on examine l'ongle du dromadaire au microscope, on voit qu'il est composé de fibres longitudinales disposées comme celles de la paroi du cheval.

271. c. *Couche celluleuse sous-cutanée.* Au-dessous de la peau, on voit une couche de tissu cellulaire lamelleux qui l'unit aux parties sous-jacentes d'une manière assez intime pour ne permettre que des déplacements bornés.

272. d. *Tendons.* Les tendons des muscles extenseurs du pied sont disposés à peu près comme chez les grands ruminants.

273. e. *Vaisseaux.* Il en est de même des vaisseaux et des nerfs.

274. f. *Os.* Nous avons fait connaître leur disposition particulière en parlant de l'anatomie du système osseux.

2° *Région inférieure*.

Elle se compose d'un nombre d'organes plus considérable, et sa disposition anatomique est la solution du plus beau problème d'élasticité.

Parties qui la composent.

275. Parmi ces organes, les uns sont impairs et communs à tout le pied ; les autres sont symétriques et propres à chaque doigt : dans la première catégorie, nous trouvons, de l'extérieur à l'intérieur, la semelle de corne, le tissu kératogène, une couche fibreuse sous-jacente, et la cloison qui sépare les deux doigts. Dans la deuxième catégorie, nous voyons les trois coussinets plantaires, une couche fibreuse sous-jacente, les tendons des muscles fléchisseurs et enfin les os du pied. Nous allons passer en revue chacune de ces parties.

Forme.

276. A. *Semelle cornée*. La semelle de corne tapisse toute la surface plantaire du pied, et elle réunit les deux doigts, excepté à leur extrémité antérieure, et sur une étendue de 4 à 5 centimètres. Sa forme se rapproche de la forme ovale dans les pieds postérieurs et de la forme arrondie dans ceux du devant.

Faces.

Sa face libre est convexe et présente un grand nombre de petites crevasses plus étendues et plus profondes dans les pieds antérieurs que dans les pieds postérieurs. Elle est tapissée par une couche de gluten semblable à celle qui tapisse les parois des monodactyles. Sa face interne est en contact avec la couche qui la sécrète, et leur adhérence est telle qu'on ne peut les séparer que très-difficilement par la macération ou par la cuisson.

Séparation de la peau et de la semelle de corne.

La couche cornée, après avoir recouvert la surface plantaire, se recourbe sur les parties latérales du pied, et se confond avec la peau d'une manière lente et insensible, et non comme le fait l'ongle placé à la région antérieure ou celui des autres ruminants.

Caractères.

La semelle du dromadaire a de 1 millimètre et demi à 2 millimètres d'épaisseur ; elle est un peu plus épaisse dans les pieds antérieurs que dans ceux de derrière ; elle est molle, très-flexible, se laisse facilement traverser par les corps pointus et couper avec les instruments tranchants. Si on l'examine attentivement, on voit qu'elle se compose de deux couches, une superficielle, d'un noir plus ou moins foncé, l'autre profonde, d'un blanc grisâtre. Ces deux couches correspondent à ce qu'on appelle la sole de corne et la sole de chair dans le cheval. L'examen microscopique de la corne nous a appris qu'elle est composée de cellules disposées par couches et semblables à celles de la sole du cheval.

277. B. *Tissu kératogène.* Il est placé au-dessous de la corne à laquelle il adhère de la manière la plus intime. La macération prolongée ou la coction peuvent seules les séparer. Sa disposition est celle du tissu velouté de la sole du cheval.

278. C. *Couche fibreuse.* A la face interne du tissu dont nous venons de parler, on voit une couche de tissu fibreux ayant de 1 à 1 cent. et demi d'épaisseur.

279. D. *Cloison médiane.* La cloison qui sépare les deux doigts est de nature fibro-cartilagineuse. Elle est fixée d'une part à la peau, et de l'autre à la couche fibreuse.

Voilà pour les organes impairs. Ceux dont nous allons parler sont symétriques et propres à chaque doigt.

280. E. *Coussinets plantaires.* L'appareil auquel le pied du dromadaire doit son élasticité se compose de trois coussinets, de forme, de volume et de composition différentes.

Situation.

1° Le coussinet interne, le plus superficiel et le plus petit des trois, est situé le long de la cloison qui sépare les deux doigts ; il s'étend depuis le talon jusqu'au troisième phalangien, et il a de 12 à 15 cent. de long, sur 1 et demi ou 2 de large ; il est recouvert, inférieurement, par la couche fibreuse, et, supérieurement, par un feuillet fibreux qui le sépare du grand coussinet.

Composition.

L'organisation anatomique de ce corps est très-difficile à saisir. A l'œil nu, il a un aspect cellulo-adypeux, mais on ne peut distinguer ni cellules ni fibres. Si on l'examine au microscope, on découvre qu'il est composé de deux éléments distincts, des fibres et des cellules. Les fibres sont frisées, dirigées dans différents sens et de la nature du tissu fibreux jaune, comme celles des deux autres coussinets. Les cellules sont ovoïdes ou arrondies ; elles contiennent une substance liquide que l'éther, l'alcool bouillant, l'incinération, etc., démontrent être de la graisse. L'abondance de ces cellules est plus grande que dans les grands coussinets.

Forme.

2º Le grand coussinet ou coussinet externe occupe plus de la moitié de la surface plantaire. Il ressemble par ses dimensions et par sa forme à un œuf de poule, mais il en diffère en ce qu'il présente inférieurement un petit prolongement. Il s'étend depuis la partie postérieure du pied, où il est noyé dans la substance du coussinet postérieur, jusqu'à l'extrémité du dernier phalangien. Ce coussinet est logé entre deux couches fibreuses, et il est très-facile de l'isoler des parties qui l'environnent, même à la région postérieure où il se confond rarement avec le coussinet postérieur.

Organisation.

Le coussinet externe est composé de tissu fibreux jaune d'une grande délicatesse, et jouissant de propriétés élastiques portées au plus haut degré. Si on examine son organisation à l'œil nu, on ne peut reconnaître si ce corps est composé de fibres ou de granulations. Mais si on le regarde au microscope, on voit très·distinctement qu'il est composé, comme le coussinet précédent, de fibres dentelées du tissu fibreux jaune et de cellules de tissu adypeux ayant la même forme et la même disposition, mais la proportion de ces deux éléments n'est pas tout à fait la même. Dans le coussinet qui nous occupe, les cellules de tissu fibreux sont plus petites et moins abondantes, tandis que le tissu fibreux se présente dans des proportions inverses.

3° Coussinet postérieur. A la partie postérieure du pied on voit une forte masse de tissu fibreux jaune, composé de granulations de tissu fibreux jaune élastique et de fibres de même nature dirigées dans tous les sens. Les granulations sont particulières à chaque talon, tandis que les fibres vont d'un talon à l'autre et réunissent les deux coussinets. Cette partie du pied jouit de propriétés élastiques prononcées, mais moins cependant que celles du coussinet externe.

Son examen microscopique démontre que ce corps est complétement formé de tissu fibreux jaune frisé, et qu'il ne contient pas de cellules adipeuses.

En résumé, l'examen microscopique et les réactifs chimiques démontrent :

1° Que le coussinet postérieur est complétement composé de tissu fibreux jaune élastique ; 2° que le coussinet externe contient du tissu fibreux jaune et des couches de graisse ; 3° que le petit coussinet se compose aussi de cellules graisseuses et de fibres, mais que les cellules sont plus abondantes que dans le grand coussinet.

281. F. *Couche fibreuse.* Les coussinets dont nous venons de parler sont séparés des tendons, des muscles fléchisseurs, par une couche de tissu fibreux blanc qui part de la cloison médiane et qui se porte sur les côtés libres du pied.

282. G. Les *tendons fléchisseurs du pied* diffèrent très-peu de ceux des autres grands ruminants. Nous avons fait connaître leur forme et leur terminaison.

283. H. Nous avons fait connaître la forme et la disposition des os du pied, il est inutile d'y revenir ici.

284. I. Les *nerfs* et les *vaisseaux du pied*, par leur volume, par leur dimension, etc., diffèrent peu de ce qu'on observe dans les autres grands ruminants. Ils se rendent

en grande quantité dans les tissus fibreux blancs et surtout dans le tissu kératogène, tandis qu'on ne le voit qu'en très-petit nombre dans les coussinets plantaires.

285. *Différences que présentent les pieds du dromadaire.* Si nous comparons les pieds des dromadaires entre eux et ceux des différentes races, nous leur trouvons des différences qu'il est bon de faire connaître.

Les pieds antérieurs sont plus grands, plus évasés et plus combles que ceux de derrière; leur forme se rapproche beaucoup de la forme arrondie; leur corne est plus crevassée et d'une couche plus épaisse et plus considérable. Ils sont plus sujets aux maladies dont nous parlerons plus loin.

Chez les races communes, le pied est plus comble et plus grand que chez les races nobles. Ainsi le pied du dromadaire du Tell est plus grand que celui du dromadaire du Sahara, et le mahari a le pied beaucoup moins grand que le dromadaire de bât.

MUSCLES DES ORGANES GÉNITAUX.

Les muscles des organes génitaux seront décrits plus loin, lorsqu'il sera question de l'anatomie de tout cet appareil.

1° *Tissu adipeux.*

Son peu d'abondance.

286. Le tissu adipeux est peu abondant, quel que soit l'état d'embonpoint du dromadaire, et cette particularité établit encore une différence entre cet animal et les autres ruminants. La viande que nous avons vue sur les marchés de Tiaret, etc., celle qui appartenait aux animaux que nous avons sacrifiés, n'était pas entrelardée comme celle du bœuf. Cela tient, à ne pas en douter, à la manière dont le dromadaire est nourri et aux circonstances hygiéniques au milieu desquelles il vit, au moins autant qu'à sa nature particulière; et nous sommes porté à croire qu'en changeant de régime, etc., le dromadaire deviendrait tout aussi apte à l'engraissement que la plupart des autres herbivores.

Les reins ne sont pas entourés d'une capsule adipeuse.

L'épiploon ne constitue pas une masse de graisse.

Le cœur, à sa base, et plusieurs autres organes, présentent peu de graisse.

Ses caractères.

287. Le tissu adipeux du dromadaire est d'une grande blancheur, d'une onctuosité qui le rend très-doux ; il exhale une odeur particulière et assez forte. Si on l'examine au microscope, on voit qu'il est formé de vésicules bien plus petites que celles du bœuf, du mouton, etc. Par la chaleur et la pression, on en obtient une graisse très-belle, dans laquelle l'élaine est plus abondante que dans celle du bœuf, du mouton et même du cheval. Cette graisse n'a aucun usage culinaire chez les Arabes ; mais elle sert en médecine à la guérison de la teigne ; elle pourrait être employée à différents usages.

2° *Tissu cellulaire.*

Chez aucun de nos animaux domestiques le tissu cellulaire n'est aussi serré, aussi doux que chez le dromadaire. Celui qui unit la peau aux tissus sous-jacents présente ces qualités à un tel degré, qu'il est très-difficile de les séparer par l'insufflation. Sa densité est bien plus intense encore lorsqu'il unit deux muscles.

3° *Aponévroses.*

Aponévroses de tissu fibreux blanc.

288. Il n'y a pas d'animal domestique qui ait des aponévroses aussi étendues, aussi solides et aussi nombreuses que le dromadaire. Les plus remarquables sont celles de la croupe, de la fesse, de la jambe, de l'avant-bras, du dos, etc. Dans certaines régions, comme à la jambe, à l'avant-bras, à la partie postérieure des tendons, on voit aussi des gaînes fibreuses qui unissent deux ou un plus grand nombre de muscles, et contribuent puissamment à augmenter leur force.

Aponévroses de tissu fibreux jaune.

289. Dans d'autres, les muscles sont maintenus dans leur position et aidés dans leur action par une large et forte aponévrose composée de tissu fibreux jaune élastique. Une des aponévroses les plus remarquables de cette nature est celle qui embrasse la partie supérieure de la cuisse à peu près dans toute son étendue.

4° *Peau.*

La peau du dromadaire est deux fois plus épaisse que celle du bœuf; son derme offre une grande densité. Elle adhère très-intimement aux parties sous-jacentes, et, nulle part, l'adhérence n'est plus grande qu'à la partie inférieure des membres.

5° *Bosse.*

Siége.

290. La bosse du dromadaire est située en arrière du garrot et au-dessus des trois dernières vertèbres dorsales et des trois premières lombaires qui lui servent de base. Buffon l'a considérée comme formée par un tissu analogue à celui de la tétine de la vache (1). Elle est formée par un tissu propre et par plusieurs couches de diverses natures que nous allons énumérer, en procédant de l'extérieur à l'intérieur.

Parties qui la composent.

291. 1° La peau, forte, épaisse, adhérant intimement à la couche sous-jacente et recouverte de poils plus fins et plus soyeux que partout ailleurs;

2° Une couche de tissu cellulaire lamelleux, si serrée et si dense, que la peau peut à peine exécuter quelques légers déplacements;

3° Une couche aponévrotique de tissu fibreux blanc, très-forte et très-dense.

Ces trois premières couches sont communes aux deux lobes qui forment la bosse et la recouvrent;

4° Le tissu propre de la bosse. Ce tissu forme une masse elliptique, fortement convexe, couchée sur et le

---

(1) Buffon, *Histoire naturelle du dromadaire.*

long des vertèbres. Il embrasse une superficie de 40 ou
45 centimètres de longueur, sur une largeur de 30 ou
de 35 dans le point où son rayon est le plus grand. Sa
face externe est fortement convexe, et sa face interne
présente une rainure dans laquelle sont logées les apophyses épineuses des vertèbres. Son épaisseur va en diminuant au fur et à mesure qu'on s'éloigne du milieu
de la colonne vertébrale : ainsi, sur le plan médian, elle
a de 12 à 15 centimètres, tandis qu'à une certaine distance, elle ne forme plus qu'une courbe de quelques
lignes.

Ce tissu est d'un blanc grisâtre ou rosé, d'une densité
spécifique plus grande que celle de l'eau ; il jouit de
propriétés élastiques très-prononcées. Si on le soumet
à la cuisson dans l'eau, il se gonfle, augmente de volume et d'élasticité, et il ne cède à l'eau qu'une très-petite quantité de graisse et d'osmazone. Si on le fait griller
sur une pelle chauffée au rouge cerise, il se racornit, et
on voit exsuder une légère couche de graisse. Il se putréfie
difficilement, et ce n'est qu'au bout d'un temps très-
long qu'il commence à exhaler une odeur un peu forte.

Le poids du tissu de la bosse, sur les quatre animaux
que nous avons sacrifiés, a été en moyenne de 3,000
grammes. Chez les chamelles, ce poids est moins grand
que chez le dromadaire, où il acquiert quelquefois 3,350
grammes. D'après sa composition anatomique, le tissu
de la bosse nous paraît devoir fort peu diminuer ou
augmenter de volume et de poids, suivant que l'animal
est plus ou moins maigre. Aussi, nous ne pensons pas,
avec Buffon et autres naturalistes, que la nature ait fait
de cet organe un réservoir alimentaire dont l'animal
tire un grand service dans les cas de disette.

Organisation.

292. Le tissu propre de la bosse est d'une nature
toute particulière et sans analogue, ni dans le cheval,
ni dans les autres ruminants. Il est composé de deux
éléments : du tissu fibreux blanc, et du tissu fibreux
jaune élastique, d'une nature toute particulière. Le

tissu blanc forme pour ainsi dire la trame de l'organe ; il part du milieu de la bosse, et il se porte ensuite sur les parois latérales sous forme de lignes divergentes. Ce tissu est très-abondant dans le plan médian, où il forme un réseau très-difficile à débrouiller. Au fur et à mesure qu'on s'éloigne du milieu de la bosse, il devient de moins en moins abondant et de plus en plus difficile à saisir.

Le tissu fibreux jaune est plus abondant que le précédent. C'est à lui que la bosse doit la plus grande partie de son volume. La structure intime de ce tissu est très-difficile à reconnaître à l'œil nu, et ses qualités physiques sont celles que nous avons décrites dans le paragraphe qui précède.

Examen microscopique.

293. Si l'on place au foyer d'un bon microscope un petit fragment de tissu de la bosse, on voit qu'il se compose de trois ordres d'organes : de tissu blanc, de tissu frisé jaune, et de petites vésicules. Le tissu blanc offre tous les caractères microscopiques du tissu fibreux ordinaire. Le tissu jaune est sous forme de lignes irrégulières, frisées ; il se présente avec les caractères des tissus fibreux jaunes, et il ressemble beaucoup à ceux qu'on observe dans les coussinets plantaires. Les vésicules sont de forme arrondie ou ovalaire ; elles sont dépourvues de hile ou pédoncule ; leur enveloppe est épaisse et difficile à rompre, et elles contiennent un liquide dont on obtient difficilement la sortie. Ces véhicules sont logées dans les mailles du tissu fibreux jaune, mais ne semblent pas y être fixées. Le liquide qu'elles contiennent est de nature graisseuse, et on en reconnaît facilement la nature en traitant un morceau du tissu de la bosse par l'alcool bouillant, par l'éther ou par la calcination sur une pelle ardente ;

5° Une couche fibreuse sépare le tissu propre des iliospinaux ;

6° Les apophyses épineuses et le ligament sus-épineux qui, dans ce point, sont plus développés et un peu plus saillants que partout ailleurs ;

7° Les trois dernières vertèbres dorsales et les trois premières vertèbres lombaires décrivant une double courbure, en forme de S, qui donne à cette région plus de solidité et plus de largeur ;

8° Enfin, des nerfs et des vaisseaux propres à cet organe.

6° *Callosités.*

Leur nombre.

Elles sont au nombre de cinq, et elles sont situées au sternum, aux genoux, aux rotules.

Callosité sternale.

La callosité du sternum est la plus grande de toutes. Sur les vieux sujets, elle a de 20 à 25 cent. de longueur sur 15 ou 18 de largeur. Sa forme est celle d'un cœur de cartes à jouer. Elle est formée par une couche de peau cornée, ayant une ligne ou une ligne un quart d'épaisseur ; 2° d'un tissu cellulo-adipeux analogue à celui qu'on trouve au poitrail des ruminants, mais plus dense. Chez les vieux sujets, ce tissu prend souvent la forme fibro-cartilagineuse dans la partie qui avoisine le sternum ; 3° des trois dernières pièces du sternum, qui ont un volume considérable en largeur, et contrastent avec les autres.

Les callosités des genoux et celles des rotules ne sont formées que par la dégénérescence cornée de la peau ; elles sont beaucoup moins étendues que celle du poitrail.

A la naissance.

Chez les animaux qui viennent de naître, les callosités existent, mais elles sont peu développées. Avec l'âge, elles s'agrandissent et finissent par acquérir les dimensions précitées.

SYNDESMOLOGIE.

Généralités.

294. La syndesmologie du dromadaire devait présenter et présente en effet de grandes différences, comparée à celle des autres ruminants. Voici les principales :

En thèse générale, partout où on trouve une tête et une cavité, la tête est plus petite, plus superficielle,

moins détachée du corps de l'os, et la cavité est moins
étendue, moins large, plus superficielle que dans les
grands animaux domestiques. Les surfaces planiformes
sont aussi plus étendues et plus superficielles. L'appareil ligamenteux qui fixe les pièces dont se composent
les articulations, tout en présentant de bonnes conditions de force et de solidité, est moins serré et présente
des mouvements plus étendus et plus variés. Nous ne
trouvons d'exception à cette disposition des surfaces articulaires et des ligaments qu'à la région dorso-lombaire. Si nous ajoutons à ce que nous venons de dire
que presque partout les leviers mobiles du squelette
allongent leurs bras et les projettent dans la direction
où s'agrandit le sinus de l'angle des puissances qui le
meuvent, on comprendra que les mouvements partiels
doivent être libres et faciles, et que les mouvements
d'ensemble doivent s'exécuter avec beaucoup d'aisance
et de dextérité.

L'articulation temporo-maxillaire est formée par un
condyle très-étendu, peu prononcé, et qui se loge dans
une cavité large et superficielle ; ses ligaments sont solides, mais très-lâches. De là, grande liberté de mouvements.

295. Les condyles de l'occipital sont très-développés et sont reçus dans des cavités plus grandes, qui permettent des mouvements plus libres, plus étendus, plus
variés, que dans tout autre ruminant.

L'apophyse odontoïde de l'axis n'est pas aussi accen-
tuée que dans le bœuf.

La tête et les cavités des vertèbres du cou sont larges,
peu prononcées, et le fibro-cartilage qui les unit, quoique
très-long, est très-solide. Les surfaces planiformes des
apophyses articulaires sont deux ou trois fois plus étendues que dans les autres ruminants ; les ligaments qui
les fixent sont très-lâches, aussi les mouvements sont-
ils très-étendus dans tous les sens.

Aux vertèbres cervicales, les mouvements latéraux
des vertèbres les unes sur les autres et d'ensemble sont
très-étendus et d'une grande liberté, tandis que les

mouvements de flexion sont plus bornés et très-difficiles.

Articulations des vertèbres du dos et des lombes.

296. La région dorso-lombaire fait exception à la
disposition dont nous venons de parler. La nature a
réuni dans cette région les plus grandes conditions de
force et de solidité, au détriment des mouvements.

Le fibro-cartilage qui unit les têtes et les cavités est
court, très-dense et très-solide. Les articulations des
neuf premières apophyses articulaires ne présentent
que de simples facettes, confondues avec les apophyses
épineuses et situées au-dessus du canal rachidien. Dans
les trois dernières vertèbres dorsales, les surfaces articulaires deviennent plus prononcées, se détachent du
corps de l'os et commencent à occuper les parties
latérales ; elles ne jouissent que de mouvements très-
bornés.

Aux vertèbres lombaires, les apophyses articulaires
sont placées sur les parties latérales du canal rachidien,
sont tout à fait isolées, et le sont d'autant plus qu'on se
rapproche davantage du sacrum ; elles ont la forme de
condyles ou d'apophyses odontoïdes, qui sont reçus
presqu'à frottement dans des cavités cylindriques in-
complètes. Les articulations du corps des vertèbres lombaires présentent la même disposition que celles des
vertèbres dorsales.

Les mouvements sont très-bornés dans la région des
lombes, et la solidité des articulations est telle, que les
vertèbres restent dans leur position naturelle, lors
même qu'on a détruit les ligaments, les muscles, etc.

Au nombre des liens qui servent à fixer les vertèbres
lombaires, et qui contribuent à leur donner le plus
de force et d'élasticité, nous devons placer le ligament sus-épineux dorso-lombaire. Ce ligament présente chez le dromadaire un développement bien autrement considérable que dans les autres ruminants et
que dans le cheval.

Tout le long du rachis, il fournit deux larges bandes
qui s'implantent à la partie supérieure des apophyses

épineuses et qui envoient des lames sur les parties voisines.

Articulations des membres.

297. Aux membres, nous trouvons aussi des articulations favorables aux mouvements :

La cavité du scapulum est peu profonde et peu étendue; elle roule sur une large tête, et les deux os sont maintenus par un ligament d'un très-grand développement. Cette articulation a besoin de la présence du coraco-radial pour offrir les conditions de solidité et de force qu'elle doit présenter.

Le condyle et la trochlée de l'articulation huméro-radiale sont peu prononcés, mais l'apophyse olécranienne donne à cette articulation un certain degré de solidité, ce qui, cependant, n'exclut pas tout à fait les mouvements latéraux.

L'articulation du genou permet de légers mouvements latéraux, grâce à la disposition de ses ligaments latéraux qui rapprochent moins les os que dans les autres animaux.

Il en est de même des articulations des rayons inférieurs.

La cavité cotyloïde du canal n'offre pas cette profondeur que nous remarquons chez le cheval et chez le bœuf; la tête du fémur n'est pas aussi prononcée, et les ligaments ne sont pas aussi forts.

L'articulation fémoro-tibiale permet des mouvements latéraux.

Le jarret lui-même, quoique très-solidement articulé, n'est pas hors de la possibilité d'exécuter des mouvements latéraux.

Ce que nous avons dit de la disposition des surfaces articulaires de la partie inférieure des membres antérieurs est en tout applicable à celle des .membres postérieurs.

10.

CHAPITRE II.

Appareil de la sensibilité.

Nous regrettons bien vivement que le manque de su
jets nous ait empêché d'étudier avec détail les organes
de la sensibilité, et d'avoir été obligé de borner nos recherches à quelques-uns de ces organes.

298. Le cerveau du dromadaire est plus développé
que celui du bœuf et que celui du cheval. Les circonvo-
lutions latérales sont fortement accusées.

299. Les nerfs qui se rendent aux lèvres, aux yeux,
qui président aux sens du goût et de l'odorat, sont plus
volumineux que chez les autres herbivores. Les nerfs
qui occupent la gouttière de la jugulaire sont très-gros
et sont placés comme chez le bœuf.

Ceux qui se rendent aux pieds, surtout aux pieds antérieurs, sont fortement développés.

A leur sortie de la moelle épinière et à leur passage à
travers les trous de conjugaison, les paires rachidiennes
sont plus fortes que dans le bœuf.

Le trisplanchnique et les ganglions de la vie organique, renfermés dans les cavités abdominales, nous ont
paru tenir le milieu entre ceux du bœuf et ceux du
cheval.

CHAPITRE III.

Angéiologie.

Un fait qui frappe tout d'abord, quand on étudie
le système vasculaire du dromadaire, c'est le peu de
développement de l'appareil artériel et veineux dans
certaines régions, et son développement énorme dans
d'autres. Nous allons faire connaître les différences principales que nous avons notées.

Cœur.

300. Le cœur est semblable par sa forme à celui du cheval, mais il est plus petit. Celui de la première chamelle que nous avons sacrifiée ne pesait que 1310 grammes, et celui du mâle pesait 1400 grammes (1). Les cavités intérieures ressemblent à celles du cheval sous tous les rapports, excepté quant à la force et au nombre des colonnes charnues, qui sont moins grandes.

Nous avons vainement cherché dans la zone aortique les deux petits os qu'on trouve dans les grands ruminants domestiques.

Les vaisseaux qui se distribuent dans la substance du cœur sont peu volumineux.

La base du cœur n'est entourée que d'une petite couche de graisse, d'un blanc nacré et composée de globules très-fins.

Aorte.
Pas d'aorte antérieure.

301. L'aorte présente, à sa sortie du cœur, une différence remarquable. Son calibre, sur une longueur de 10 à 11 centimètres, est plus grand que dans le cheval et dans le bœuf; il a de 16 à 17 centimètres, et sa partie antérieure est fortement convexe. Ses parois sont moitié plus épaisses qu'ailleurs; mais la différence la plus importante consiste dans la naissance des artères qui portent le sang aux parties antérieures du corps. Il n'y a pas d'aorte antérieure chez le dromadaire. Les deux trous brachiaux naissent directement de l'aorte primitive, l'un au-dessous de l'autre, et leur point d'origine n'est séparé que par un petit espace d'un demi-centimètre. Après leur naissance, les deux troncs brachiaux se portent l'un à droite et l'autre à gauche, et fournissent les artères des membres, etc. Ces deux troncs n'ont pas le même volume; le tronc brachio-céphalique a presque le double de l'autre.

---

(1) Poids du cœur de la deuxième chamelle sacrifiée, 1,290 grammes.
   Idem   du deuxième chameau sacrifié, 1,415   *id.*

L'aorte postérieure est moins volumineuse et a des parois moins fortes que chez le cheval et que chez le bœuf.

Carotides.

302. Les deux carotides ne se séparent qu'à quatre travers de doigt de leur sortie de la cavité pectorale ; elles gagnent ensuite la gouttière étroite formée par la trachée et les apophyses transverses des vertèbres cervicales, et elles y sont situées très-profondément. Elles sont en rapport dans tout leur trajet avec la veine jugulaire, car aucun muscle ne les sépare ; leur calibre se rapproche de celui des carotides du cheval. Sur quelques sujets, on parvient à sentir leurs pulsations en plaçant la main sur le bord inférieur de l'encolure et en exerçant une pression assez forte.

Artère glosso-faciale.

303. Sa direction et son trajet sont à peu près semblables à la glosso-faciale du bœuf. Elle sort un peu en arrière du bord supérieur du maxillaire, au-dessous de la parotide, gagne la face externe du muscle zygomato-maxillaire, et rampe à 2 ou 3 centimètres du bord inférieur. Après avoir franchi ce muscle, elle se reporte dans ceux de la joue et s'y ramifie.

Le calibre de l'artère glosso-faciale est si petit, qu'on a toutes les peines du monde à y tâter le pouls sur l'animal vivant ; on la trouve même assez difficilement sur le cadavre, si l'on n'a pas la précaution de l'injecter.

Artères des membres.

304. Aux membres, les artères offrent un beau développement et présentent quelques différences de rapports que nous allons indiquer. Aux membres antérieurs, comme aux postérieurs, l'artère plantaire superficielle, après avoir franchi les arcades du tarse ou du carpe, descend à la face interne du canon ; elle se dirige obliquement vers la face postérieure et gagne la bifurcation tendineuse du perforant et du perforé. Logée dans cette cavité, elle descend sur le boulet, et, en arrivant à sa

partie inférieure, elle se divise en deux branches, une pour chaque doigt, qui, plus loin, se subdivisent elles-mêmes en plusieurs ramifications pour porter du sang sur tous les points de la région digitée, absolument comme dans le bœuf.

Les artères auriculaires, temporales, coccygiennes et autres, sont trop petites et sont recouvertes d'une peau trop épaisse pour qu'on puisse y tâter le pouls.

SYSTÈME VEINEUX.

Au-dessous de la peau du dromadaire, nous ne voyons pas ce riche appareil veineux qui existe chez le cheval, quel que soit l'état d'excitation de l'appareil circulatoire.

Jugulaires.

305. Ces veines occupent la même position, mais elles n'ont pas tout à fait les mêmes rapports que dans le cheval ; elles recouvrent dans tout leur trajet les artères carotides et le pneumo-gastrique ; elles sont logées dans une gouttière étroite et profonde, et elles sont protégées par les apophyses transverses des vertèbres du cou. La peau qüi les recouvre est d'une épaisseur très-grande et adhère intimement aux parties sous-jacentes; elles ne sont pas séparées des jugulaires par un muscle.

Le calibre de ces veines est énorme et plus du double de celui des jugulaires du bœuf. Ce grand développement est loin d'être sans inconvénients pour la saignée ; nous verrons plus loin que la phlébotomie peut être suivie d'accidents graves, si on pratique cette opération avec une flamme un peu large. Les deux jugulaires se réunissent à leur entrée dans la poitrine et forment un tronc très-volumineux.

Veines de la face.

306. Les veines de la face et toutes celles qui se réunissent à la jugulaire ont aussi un calibre considérable, mais ce calibre n'est pas en rapport avec celui de la veine qui les a fournies. Si l'on arrête le cours du sang sur un animal vivant, on aperçoit assez bien la saillie

qu'elles forment sous la peau, mais il y a loin de cette saillie à celle de la jugulaire.

Veines sous-cutanées des membres.

307. La radiale et surtout la saphène sont très-visibles. Elles occupent la même position que dans les autres ruminants, et on peut facilement y pratiquer la saignée.

Veines de l'éperon.

308. Nous pouvons en dire autant des veines de l'éperon, quoiqu'elles soient noyées sous les poils.

Veine mammaire.

309. Elle est très-peu développée chez la chamelle qui n'est pas nourrice, tandis qu'elle a un volume énorme chez celle qui allaite.

Veine porte.

310. Cette veine ne présente pas le volume de celle du cheval ni de celle du bœuf.

Veines épiploïques.

311. Même observation pour les veines de l'épiploon.

Veines spléniques.

312. Les vasa brevia de la rate sont moins nombreux que chez les autres espèces, et leur volume n'est même pas la moitié du volume des vaisseaux du bœuf.

Veine cave.

313. Dans la cavité abdominale elle est située sur les côtés du pilier droit du diaphragme. Ses différences sont peu sensibles.

Veines rénales.

314. Leur calibre est considérable.

CHAPITRE IV.

Appareil de la respiration.

A. *Ailes du nez.*

315. Chaque naseau a la forme d'un croissant arqué de haut en bas et à convexité tournée en dehors. Il a de 5 à 6 cent. de longueur.

Forme.

Les ailes du nez ont la même forme et la même direction que l'ouverture des cavités nasales. A leur commissure supérieure, elles sont éloignées de 7 à 8 cent., tandis qu'à leur commissure inférieure, elles ne sont séparées que par la cloison nasale qui a de 6 à 8 mill.

Fibro-cartilage de l'aile externe.

L'aile externe est plus étendue que l'interne ; elle présente à sa base un petit fibro-cartilage qui coupe la commissure supérieure et se prolonge jusqu'aux deux tiers inférieurs. L'aile interne est dépourvue de fibro-cartilage, et c'est à son absence qu'elle doit de retomber sur l'aile opposée, et de rendre l'ouverture antérieure des voies aériennes très-étroite.

La face interne des ailes du nez est recouverte par une peau lisse, fine, ombragée de poils courts, abondants et raides. A la face interne, la peau, sur une étendue de 4 à 5 cent., conserve son pigment et est revêtue de poils plus longs et plus abondants qu'à l'extérieur.

Ouverture du canal lacrymal.

Le canal lacrymal s'ouvre aux deux tiers inférieurs de l'aile externe et vers le point de transformation de la peau. Son ouverture n'a que 2 ou 3 millimètres.

B. *Cavités nasales.*

316. Les cavités nasales sont beaucoup moins spacieuses que dans le bœuf et le cheval ; elles sont plus

courtes et plus étroites. La membrane muqueuse qui les tapisse, d'un blanc rosé, présente assez souvent des marbrures noirâtres. Elle est loin d'être aussi riche en follicules muqueux que celle de la bouche. Nous la croyons moins sensible et moins sujette à des écoulements que celle du cheval.

A la partie postérieure des cavités nasales, la muqueuse, inférieurement, se prolonge du côté du larynx par un pli qui augmente considérablement la capacité de la cavité. Dans cette région, la muqueuse change de nature : elle offre une quantité prodigieuse de glandules, faisant saillie à l'extérieur, rendant sa face chagrinée, et donnant naissance à une sécrétion abondante. Sur les deux animaux que nous avons sacrifiés, nous avons trouvé, dans cette partie, les larves d'une mouche que nous croyons être le stomaxe piquant (le *debabe* des Arabes).

La disposition antérieure des cavités nasales se rapproche beaucoup plus de celle du cheval que de celle du bœuf.

C. *Sinus.*

317. Les sinus sont moins vastes que dans les autres ruminants.

D. *Cornets.*

318. Nous pouvons en dire autant des cornets, tandis que l'éthmoïde nous a paru plus développé.

E. *Larynx.*

319. Le larynx du dromadaire est plus volumineux, surtout à sa partie supérieure, que celui du bœuf, il est aussi beaucoup plus flottant. Les cartilages, surtout la glotte et l'épiglotte, offrent un grand développement. Les muscles qui le fixent à l'hyoïde, et ceux qui font mouvoir ses différentes pièces, sont longs et bien développés. Le cartilage thyroïde présente postérieurement deux prolongements, l'un à droite et l'autre à gauche, d'où partent deux ligaments fibreux qui fixent l'hyoïde au larynx. Toutes ces causes réunies contribuent sans doute à donner à la voix du dromadaire cette puissance et ces inflexions si variées que nous lui connaissons.

F. *Trachée.*

320. La trachée fait peu saillie à l'extérieur, elle est noyée dans la gouttière profonde que forment les apophyses trachéliennes de l'encolure ; elle a près de 1 mètre 50 cent. de longueur, et elle est composée de soixante-huit à soixante-neuf arceaux incomplets, laissant chacun à la partie postérieure un espace rempli par une couche fibreuse.

Le canal aérien, par son étroitesse, contraste avec celui de tous nos grands animaux. Il n'a pas plus de 8 à 9 centimètres de circonférence, mesuré extérieurement.

La forme de la trachée présente aussi une légère différence : elle est triangulaire et à bords arrondis. La face la plus large est en contact médiat avec la colonne vertébrale.

G. *Thyroïdes.*

321. Ces glandes occupent la même position que dans les autres animaux ; elles sont aplaties, et leur tissu est granuleux comme celui des glandes salivaires ; elles pèsent de 30 à 35 grammes.

H. *Bronches.*

322. Les bronches n'offrent d'autres particularités que leur volume moins grand.

I. *Poumons.*

323. Leur forme diffère un peu de celle des poumons du bœuf et du cheval. Leur lobe postérieur est très-développé ; l'antérieur l'est aussi beaucoup, tandis que le lobe médian n'est qu'à l'état rudimentaire. La face diaphragmatique suit une ligne très-oblique en raison de la direction du diaphragme. Mais leur différence principale est dans le volume de l'organe. Le poumon du dromadaire est plus petit que celui des autres animaux, et en voyant ce peu de développement, on se demande quel a été le but de la nature en donnant au dromadaire des organes respiratoires aussi petits, aussi peu en harmonie avec la nature de ses services.

Le parenchyme pulmonaire est composé de vésicules très-fines et très-accessibles à l'air. Dans aucun autre animal nous n'avons vu des poumons aussi beaux que dans les deux dromadaires que nous avons sacrifiés.

J. *Poitrine.*

324. La cavité thorachique présente quelques différences importantes. Son diamètre supéro-inférieur est beau : mesuré des vertèbres au sternum, il donne 55 cent. ; son diamètre transversal dans le milieu de l'arc formé par les côtes est de 50 cent. ; son diamètre antéro-postérieur présente une différence considérable, suivant qu'on le mesure le long de la colonne vertébrale ou le long du bord inférieur : dans le premier cas, il a 1 mètre 50 cent., dans le second il n'a que 48 cent. (1). Cette différence énorme tient à l'insertion du diaphragme qui se fait supérieurement entre la dernière vertèbre dorsale et la première vertèbre lombaire, et à sa direction sous une ligne d'une obliquité sans égale chez les autres animaux domestiques.

APPAREIL DE LA VISION.

OEil.

325. Les différences anatomiques principales de l'œil du dromadaires sont les suivantes :

---

(1) Ces mesures ont été prises sur le dromadaire que nous avons sacrifié en 1853.

Les mesures suivantes ont été prises sur le dromadaire et sur la chamelle que nous avons sacrifiés en mars 1854.

	Chameau.	Naga.
Hauteur de la poitrine mesurée en suivant une ligne élevée de la partie postérieure du sternum à la partie correspondante.	45	42
Largeur de la poitrine mesurée du centre de la quatrième côte sternale.	26	23
Longueur prise de l'entrée de la poitrine à la naissance des piliers du diaphragme.	90	84
Longueur prise de l'entrée de la poitrine à la partie postérieure du sternum.	45	43

326. La paupière inférieure est très-peu développée et jouit de mouvements peu étendus.

327. Le corps clignotant est plus volumineux que celui du bœuf et moins que celui du cheval.

Glande de Harderus.

328. A la face interne de la paupière inférieure, et à la face externe du corps clignotant, il existe une masse glanduleuse couvrant une surface de 3 cent. de large sur 3 ou 3 et demi de long, et se portant de l'angle interne à l'angle externe de l'œil. Cette glande, que nous croyons être celle de Harderus, se compose d'une série de granulations sphériques, placées les unes à côté des autres, et ressemblant assez bien, moins la grandeur, à une foule de verres de montre placés les uns à côté des autres.

329. La cornée transparente n'est pas aussi convexe que chez le bœuf ; elle a, au contraire, la forme la plus convenable à la vision.

330. Les humeurs de l'œil sont de la plus grande limpidité.

331. Le nerf optique est plus fort que chez le bœuf et même que chez le cheval.

332. La glande lacrymale a un volume plus grand que chez les autres ruminants.

333. Les muscles de l'œil sont bien développés et sont pourvus de nerfs nombreux et forts.

OREILLE.

La conque du dromadaire est beaucoup moins forte que celle du bœuf ; elle est tapissée à l'intérieur de poils longs et abondants, et des muscles puissants la mettent en mouvement ; le cartilage scutiforme est plus développé que dans les solipèdes.

L'intérieur de l'oreille doit être bien conformé, car le dromadaire a l'ouie aussi fine que le cheval.

CHAPITRE V.

Appareil de la digestion.

Généralités.

334. Les organes digestifs sont les plus importants à étudier à cause du rôle qu'ils jouent dans l'économie, des nombreuses différences qu'ils présentent et des contradictions nombreuses dont ils ont fait le sujet. Tous les auteurs qui ont écrit sur le chameau ont parlé d'une disposition particulière des estomacs. Pline, par exemple, dit qu'ils sont pourvus de poches s'ouvrant dans le deuxième ventricule. Daubenton a décrit un cinquième estomac qu'il appelle le *réservoir*, dans lequel les boissons s'accumulent et s'éjournent sans altération pendant longtemps. Tous les autres auteurs ont reproduit l'une ou l'autre de ces deux opinions. Nous avons voulu voir par nous-même la disposition anatomique des organes de la digestion, les étudier avec soin et constater la présence ou l'absence de ces organes supplémentaires. Nous allons faire connaître quel a été le résultat de nos recherches anatomiques, puis, dans une autre partie de ce travail, nous traiterons du rôle particulier que joue chaque organe de l'appareil digestif.

A. *Lèvres.*

Bec de lièvre.

335. La lèvre supérieure présente une particularité anatomique qu'on ne rencontre dans aucun de nos grands animaux domestiques : elle est fendue, dans son milieu, en bec de lièvre. Elle est recouverte d'une peau fine, présentant deux sortes de poils : les uns courts, raides, droits et abondants; les autres très-longs, peu nombreux et spécialement destinés au toucher.

Muscles et nerfs.

Les muscles de la lèvre supérieure sont bien développés, et les nerfs sont remarquables, surtout par leur grand volume. Il résulte de cette disposition anatomique, que la lèvre supérieure jouit tout à la fois de mouvements étendus et variés et d'une sensibilité très-grande, qu'elle remplit le double but d'organe de préhension et du toucher, et qu'elle est l'agent principal de ces deux fonctions.

La lèvre inférieure, moins étendue que la supérieure, est moins bien richement dotée en nerfs et en muscles; par conséquent, elle n'est ni aussi sensible ni aussi mobile; elle est plus ou moins pendante.

La muqueuse qui tapisse les lèvres est d'un blanc mat, souvent marbré de noir; elle loge dans son épaisseur un nombre considérable de follicules muqueuses.

B. *Bouche.*

336. L'ouverture antérieure de la cavité buccale est très-grande.

Les os qui forment la base de cette cavité sont plus courts et offrent une surface moins large que dans les autres ruminants, tandis que les parties charnues ont plus de développement. Grâce à cette disposition, la bouche gagne latéralement ce qu'elle perd d'un autre côté. L'ouverture postérieure de la bouche est plus grande que chez n'importe lequel de nos animaux domestiques; elle n'est pas circonscrite latéralement d'une manière aussi tranchée que dans le bœuf et surtout que dans le cheval, ce qui permet encore sa dilatation.

C. *Joues.*

337. Les joues sont plus étendues que dans le bœuf, elles sont tapissées par une membrane muqueuse bien autrement riche en follicules muqueuses, en glandes salivaires et en papilles vasculo-nerveuses que dans aucune autre espèce d'animal. Ces dernières ont jusqu'à 2 cent. et demi de longueur, sont coniques et très-fortes à leur base. De concert avec les follicules et les glandes, elles donnent lieu à une sécrétion muqueuse très-abondante et d'une grande importance pour la digestion.

A la face interne des joues, s'ouvrent les canaux excréteurs des glandes parotides et zigomatiques.

D. *Langue*.

338. La langue du dromadaire ressemble beaucoup plus à celle du cheval qu'à celle du bœuf. Elle est douée de beaucoup de mobilité et elle surabonde en papilles de tout genre.

A la base de cet organe, et de chaque côté, on trouve neuf ou dix lacunes ou trous-borgnes, de forme arrondie et de grandeur variable, depuis celle d'une pièce de 20 centimes jusqu'à celle d'une pièce de 1 franc. Les plus grands sont placés en arrière, les plus petits en avant ; leur décroissance est progressive.

E. *Palais*.

339. Le palais est beaucoup plus étroit que dans le bœuf et le cheval. On peut y compter de vingt-cinq à trente sillons très-prononcés, dirigés d'avant en arrière, dentelés à leur bord libre, et coupés dans leur milieu par une rainure de deux millimètres de largeur. Presque tous les sillons de droite alternent avec ceux de gauche.

F. *Dents*.

340. Les dents du dromadaire adulte sont au nombre de dix-huit, quelquefois de vingt, à la mâchoire inférieure, savoir : incisives, six, canines, deux, molaires, dix, canines supplémentaires, deux (ces deux dernières manquent souvent); et de seize à la mâchoire supérieure, dont deux incisives, deux canines, deux canines supplémentaires et dix molaires. Total général : trente-huit à quarante dents.

Dans le jeune âge, les canines supplémentaires n'existent pas ; les canines ne commencent à paraître que dans la quatrième année.

Nous reviendrons sur l'étude des dents en parlant de l'âge du dromadaire.

G. *Bourrelet*.

341. A la mâchoire supérieure, le dromadaire porte, comme les autres ruminants, un bourrelet fibro-cartilagineux recouvert d'une muqueuse dont l'épithélium est de consistance cornée. L'étendue de ce bourrelet est moins grand que dans le bœuf; il dépasse les incisives.

H. *Voile du palais.*

342. Par sa forme et par ses dimensions, le voile du palais est une des parties les plus remarquables de l'organisation du dromadaire. Il a la forme d'une pyramide tronquée à sa pointe, qui est arrondie et flottante.

Dimensions.

Cet organe, dans le mâle, a de 33 à 35 centimètres de longueur, et de 20 à 24 centimètres de largeur à sa base (1). Dans la femelle, il est plus petit : nous ne lui avons trouvé que 20 centimètres de long et 10 de large. Il est libre et flottant dans toute son étendue, excepté par sa base, qui adhère aux os de la partie supérieure de la voûte palatine.

Le voile du palais est formé par un repli de la membrane muqueuse, et les deux lames qui le composent sont unies par un tissu cellulaire assez lâche pour permettre le glissement des deux lames l'une sur l'autre.

Glandes.

Il contient entre ses deux feuillets muqueux un très-grand nombre de glandules disséminées çà et là sur tous les points, et présentant la forme et les dimensions d'un grain de millet ou d'un pois. Ces glandes sont pourvues d'un canal excréteur s'ouvrant, soit à la face postérieure, soit à la face antérieure de l'organe. Dans ces canaux se logent souvent des barbes d'orge, des fétus de paille, etc.

La muqueuse du voile du palais renferme en outre, dans son épaisseur, une infinité de cryptes mucipares qui sécrètent un liquide abondant qui rend sa surface très-onctueuse.

Le voile du palais, dans les circonstances ordinaires, reste caché au fond de la bouche et n'est pas visible à

---

(1) Sur le deuxième dromadaire que nous avons sacrifié, le voile du palais n'avait que 22 centimètres de long sur 15 de large.

11

l'extérieur. A l'époque du rut, et chez le mâle seulement, il se tuméfie, acquiert un volume considérable,
se porte vers l'orifice antérieur de la cavité buccale, et
se présente, sur les côtés de la commissure des lèvres,
sous la forme d'une poche membraneuse, qu'on dit,
mais à tort, pleine de liquides. Buffon a signalé ce phénomène en disant qu'à l'époque du rut on voit sortir
de la bouche du mâle une grosse vessie (1).

I. *Arrière-bouche.*

343. Le pharynx diffère de celui des autres animaux
par son étendue beaucoup plus considérable, et par la
quantité prodigieuse de glandules et de cryptes muqueux que contient sa muqueuse. Supérieurement, il
est séparé des cavités nasales par un pli membraneux
très-étendu, qui se porte jusqu'à peu de distance du
larynx.

J. *Glandes salivaires.*

344. Le dromadaire est doué d'un appareil salivaire
plus développé qu'aucun autre animal domestique. Ces
glandes sont au nombre de quatre, savoir : la parotide,
la maxillaire, la sublinguale, la zygomatique. Ses glandes, ses cryptes muqueux, sont innombrables.

A. *Parotide.* La parotide occupe la même position
que dans le bœuf ; elle a la même forme ; elle pèse de
180 à 190 grammes. Sa structure offre peu de différences.

Son canal, de petit calibre, suit la même direction
que dans les grands ruminants, et s'ouvre dans la bouche
au centre d'un gros tubercule placé entre la deuxième
et la troisième dent molaire.

B. *Maxillaire.* La maxillaire est située sous la parotide, qui la recouvre complétement ; elle a la forme
d'une pyramide triangulaire, dont la base est dirigée
du côté des vertèbres ; son poids est de 65 à 70 grammes.

Son canal excréteur, presque aussi fort que celui de

____

(1) Buffon, *loco citato.*

Sténon, sort du milieu de la glande, passe sur la face externe du muscle stylo-hyoïdien, pénètre sur la face libre du sphéno-maxillaire, et se prolonge entre ce muscle et la muqueuse de la bouche jusqu'au niveau du frein de la langue, où il s'ouvre.

c. *Sublinguale.* La seule différence qu'elle présente, c'est d'être moins développée que dans le bœuf.

d. *Zygomatique.* Cette glande est particulière au chameau dans l'ordre des ruminants domestiques. Elle est située au-dessous de l'apophyse zygomatique, s'étend sur la joue, sur une étendue de 8 à 10 centimetres. Elle a la forme d'un cône légèrement tronqué, dont la base, placée supérieurement, a de 3 à 4 centimètres.

La zygomatique est pourvue d'un canal excréteur qui naît des deux tiers inférieurs et qui s'ouvre dans la bouche au niveau de la première et de la deuxième dent molaire. Le canal droit d'une des chamelles que nous avons disséquées contenait dix calculs ayant le volume et la forme d'un grain de blé ou de millet.

K. *OEsophage.*

345. L'œsophage n'offre rien de particulier, quant à sa position et à ses rapports; mais il n'en est pas de même de sa longueur et de sa structure : il a de 1^m80 à 2 mètres de longueur. Son diamètre transversal est plus grand que dans le bœuf, et, à ses deux extrémités, il s'évase en forme d'entonnoir.

Glandes muqueuses.

L'œsophage est composé de deux membranes : l'externe ressemble à celle de tous les autres animaux; l'interne en diffère par la présence d'une quantité innombrable de glandules, de la grosseur d'un grain de blé, se dessinant en relief sur la face libre de la muqueuse, et par la sécrétion d'une énorme quantité de fluide muqueux.

Les piliers du diaphragme entre lesquels il passe avant de s'introduire dans le rumen sont plus forts et plus écartés que dans les autres ruminants.

Nous verrons plus loin que l'œsophage pénètre dans

le rumen, non pas à l'extrémité supérieure du sac jaune, mais bien vers le milieu de ce sac.

L. *Cavité abdominale.*

346. Avant de donner une description des organes contenus dans la cavité abdominale, nous indiquerons les différences principales que présente cette cavité.

Vu à l'extérieur, l'abdomen du dromadaire n'a pas une forme cylindro-conique comme celui de la plupart des autres animaux. Il ressemble à une pyramide triangulaire, dont la base est à la poitrine et la pointe au bassin.

Si nous examinons la cavité abdominale, nous lui trouvons la forme d'un losange dont les lignes antérieures sont beaucoup plus longues que les postérieures. Le diaphragme et la partie inférieure de l'abdomen ont une longueur et une inclinaison plus grandes que dans le bœuf et dans le cheval. De l'insertion supérieure du diaphragme au fond du bassin, la cavité abdominale n'a que de 40 à 45 centimètres, tandis que du même point au prolongement abdominal du sternum, et en suivant une ligne droite, elle a de 1ᵐ15 à 1ᵐ20.

ESTOMACS.

Nous devons dire tout d'abord qu'ils ne sont qu'au nombre de quatre, comme dans les autres ruminants ; que le cinquième estomac, dont certains naturalistes ont parlé, est une pure invention créée pour expliquer certains phénomènes de la digestion, mais que ces estomacs diffèrent beaucoup de ceux du bœuf, du mouton, etc., par la forme, la position, les usages, etc., etc.

Nous allons les décrire avec détail :

1° *Du rumen.*

La panse du dromadaire est plus volumineuse que celle du bœuf, et elle en diffère sous une foule de rapports tant extérieurs qu'intérieurs.

Situation.

347. Elle occupe à elle seule les trois quarts de la

cavité abdominale ; elle suit une direction très-oblique du diaphragme à la cavité pelvienne, et elle s'incline légèrement de gauche à droite.

Forme.

348. Sa forme diffère suivant qu'on la voit par sa face supérieure ou par sa face inférieure. Vu par sa face supérieure, le rumen ressemble à un ovoïde échancré intérieurement et à droite ; une scissure le divise en deux sacs inégaux ; tandis qu'examiné par sa face inférieure, il ressemble à un rein de cheval, dont l'échancrure regarde le flanc droit.

Faces.

349. La face supérieure du rumen est ovoïde et plus large postérieurement qu'antérieurement ; elle est inégale, bosselée sur plusieurs points, et plus étendue et moins convexe que l'inférieure.

Une scissure dirigée de bas en haut, de droite à gauche, se prolongeant jusqu'aux lobes postérieurs, la divise en deux sacs, dont un, droit, postérieur, et l'autre, gauche, antérieur. Cette surface offre à considérer sur le sac gauche : 1° une scissure transversale, partant de la grande scissure médiane, entourant ce sac gauche et le divisant en deux parties, une antérieure, l'autre posrieure.

Lobe antérieur gauche.

350. La partie antérieure a exactement la forme d'un casque. Son bord libre est arrondi, bosselé, et représente le cimier ; il correspond intérieurement à la partie aréolaire. Chacune des extrémités de ce bord se termine par un renflement plus arrondi et plus considérable ; 2° en arrière du cimier, on voit une scissure en fer à cheval, puis une forte convexité qui a la forme de la bombe d'un casque.

La partie postérieure du sac gauche occupe une portion du flanc gauche ; elle est convexe et présente, 1° à peu de distance de la scissure de séparation, l'œsophage, entouré de ses deux piliers ; 2° une surface convexe et lisse ; 3° enfin, la rate.

Sur le sac droit, la face supérieure se porte moins en avant sous le diaphragme, mais, en revanche, elle occupe toute l'extrémité postérieure de l'ovoïde formé par le rumen. Elle offre d'avant en arrière : 1° une scissure qui la sépare du réseau ; 2° une surface fortement bosselée, formant le lobe antérieur de ce sac et correspondant à la surface réticulée de l'intérieur du sac droit ; 3° un ligament épiploïque, qui fixe la rate au rumen ; 4° une veine et une artère.

La face inférieure du rumen est plus convexe que la précédente, et, comme elle, elle est divisée en deux sacs par une scissure dirigée obliquement de droite à gauche.

Le sac gauche est aussi subdivisé par une scissure transversale en deux parties, la partie antérieure, arrondie, convexe, bosselée à son bord libre, repose sur le diaphragme et sur le prolongement abdominal du sternum ; tandis que la partie postérieure est en contact avec les parois abdominales.

Le sac droit de cette face nous offre d'avant en arrière : 1° le lobe antérieur peu développé et fortement bosselé ; 2° des vaisseaux veineux et artériels ; 3° une scissure qui part du milieu de ce lobe et donne attache à un lien épiploïque qui unit la rate au rumen.

La face inférieure du rumen repose presque en totalité sur la paroi inférieure de l'abdomen.

Sacs.

351. Le sac gauche occupe presque entièrement la partie diaphragmatique de la cavité abdominale.

Le sac droit, de forme triangulaire, remplit une partie de l'hypocondre gauche et de la cavité pelvienne. Son lobe antérieur, peu développé, est séparé de celui du côté opposé par une forte scissure, tandis que son lobe postérieur n'est séparé que par une scissure à peine visible.

Il existe encore entre les sacs du dromadaire et ceux des autres ruminants deux grandes différences, à savoir : que l'œsophage s'insère au milieu du sac gauche, et que le réseau communique avec le sac droit, tandis que chez les autres animaux, les deux ouvertures d'entrée et de sortie des aliments sont placées dans le sac droit.

Scissure médiane.

352. La scissure qui longe le rumen d'avant en arrière, et qui le divise en deux sacs, partage d'abord les faces en deux parties à peu près égales, puis elle se porte obliquement à gauche. De cette direction, il résulte que le sac gauche est antérieur et le sac droit est postérieur. Cette scissure est fortement prononcée à son origine, mais elle devient de moins en moins accusée en se rapprochant des lobes postérieurs.

Lobes.

Nous trouvons aussi dans les lobes des différences sensibles. L'extrémité antérieure du sac gauche, vu par sa face supérieure, a la forme d'un casque romain. Nous en avons parlé tout au long en traitant des faces. Celle du lobe droit est toute petite et fortement bosselée. L'extrémité postérieure est arrondie et fortement convexe ; elle occupe l'entrée de la cavité pelvienne.

Diamètres.

353. Le diamètre transversal du rumen du dromadaire est plus étendu que celui des autres ruminants, tandis que le contraire a lieu pour le diamètre antéro-postérieur.

Cavité du rumen.

354. La cavité intérieure du rumen présente des différences anatomiques bien autrement grandes, bien autrement importantes au point de vue de la physiologie. Nous allons la décrire avec détail.

Pilier.

355. Le rumen du dromadaire n'a qu'un seul pilier, situé au point de séparation des lobes antérieurs. Ce pilier, en forme de fer à cheval et à branche tronquée, se prolonge tout le long de la surface réticulée du sac droit, en suivant la direction que nous avons vue accusée à l'extérieur, par la scissure médiane. De ce pilier partent : 1° une ramification qui entoure le sac gauche et lui forme une sorte de ceinture qui le divise en deux parties ; 2° une branche qui suit la gouttière œsophagienne et qui se prolonge jusqu'au feuillet en passant par la petite circonférence du réseau ; 3° tout le long de la surface réticulée du sac droit, le pilier fournit des branches charnues qui forment les cloisons des cavités réticulées.

Division.

356. L'intérieur du rumen du dromadaire est divisé en deux parties, une réticulée ou semblable au réseau, l'autre unie ou non réticulée.

Surface réticulée.

357. La partie réticulée occupe l'extrémité ou lobe antérieur de chaque sac ; elle est accusée à l'extérieur par des bosselures dont nous avons parlé plus haut.

Surface réticulée du sac droit.

358. Dans le sac droit, la surface réticulée embrasse une étendue de 35 à 40 centimètres de longueur sur 20 ou 22 de largeur à la base, et de 8 à 10 à la pointe. Sa disposition est très-remarquable et mérite d'être décrite avec détail. Elle se compose de cavités présentant trois degrés différents de grandeur, et voici comment elles sont formées.

Ses cavités du premier degré.

359. Du pilier dont nous avons parlé partent de petites bandes musculaires qui se détachent à angle droit en se portant de dedans en dehors. Les bandes, après un cours de 6 à 15 centimètres, se réunissent, et de leur réunion résultent des cavités qu'on peut appeler du premier degré ou primitives. Or, comme ces bandes sont au nombre de onze ou douze, il en résulte onze ou douze cavités du premier degré.

Ses cavités du deuxième degré.

360. Des bandes charnues dont nous venons de parler se détachent aussi à angle droit des bandelettes de

même nature, mais moins fortes, et qui, en se portant de l'une à l'autre bande, divisent les cavités primitives en trois, quatre, cinq, quelquefois même six compartiments, et donnent lieu à des cavités de second ordre ou secondaires.

Ses cavités du troisième degré.

361. Enfin, au fond de chaque cavité secondaire on trouve deux ou trois cloisons qui la divisent en autant de cellules ou cavités du troisième degré.

Forme des cavités.

362. Les cavités du premier degré ont la forme d'un ovale allongé et se terminent en ogive à leurs deux extrémités. Elles ont de 6 à 15 centimètres de long sur 7 ou 8 de large. Les plus grandes sont au milieu de la surface réticulée, et les plus petites sont situées à l'extrémité postérieure. Nous en avons compté douze dans les chamelles que nous avons sacrifiées, et treize dans les dromadaires.

Les cavités du deuxième ordre sont à peu près de la forme des précédentes. Elles ressemblent assez bien à des augets ou à des nids de pigeons. Leur capacité varie un peu : les plus grandes pouvaient contenir 500 grammes d'eau.

Les cellules ou cavités du troisième degré ont aussi la forme d'augets ; elles sont au nombre de deux ou trois dans chaque cavité du troisième ordre.

Organisation des cloisons.

363. Les cloisons qui séparent les trois ordres de cavités dont nous venons de parler n'ont pas la même composition, la même grosseur partout. Celles qui forment les cavités du premier ordre sont composées d'un faisceau charnu recouvert d'un pli de la membrane muqueuse ; elles ont la grosseur du doigt. Dans les cloisons du deuxième degré, la colonne charnue est beaucoup moins forte, et la muqueuse qui les recouvre est plus fine. Enfin, les cloisons du troisième degré ne sont formées que par la membrane muqueuse.

Surface réticulée du sac gauche.

364. Dans le sac gauche du rumen, la surface réticulée occupe aussi l'extrémité antérieure et correspond au bord libre, à cette partie qui, vue à l'intérieur, a la forme du cimier d'un casque. Elle est plus étendue en longueur et en largeur que celle du sac droit, et elle embrasse une superficie de 40 à 45 centimètres de long, sur 18 ou 20 de large. A chacune de ses extrémités elle se termine par un cul de sac très-prononcé.

Dans le sac gauche, la disposition aréolaire diffère un peu de celle du sac opposé. On y retrouve bien des cavités de trois degrés, mais ces cavités et les cloisons qui les séparent ne sont ni aussi bien circonscrites, ni aussi bien espacées. Les cavités du premier degré sont plus allongées, plus étroites, et leurs cloisons ne contiennent à leur centre qu'un petit faisceau de fibres blanches, et se détachent de la membrane charnue.

Les cellules secondaires sont plus grandes, plus irrégulières de forme, plus nombreuses que celles du sac opposé. Il n'est pas rare d'en compter huit ou neuf dans une grande cavité, et d'en rencontrer quatre ou cinq qui peuvent loger 600 ou 650 gr. d'eau. Les cloisons qui les séparent sont dépourvues de fibres charnues, et ne sont formées que par un pli de la muqueuse.

En voyant ces surfaces réticulées, cette grande quantité de cellules ou poches de différentes grandeurs, nous nous sommes demandé si ce ne sont pas là ces poches dont Pline a parlé le premier, et quoiqu'il dise qu'elles s'ouvrent dans le réseau, nous sommes assez porté à résoudre la question par l'affirmative. Mais, à l'exemple de ce naturaliste, attribuerons-nous à ces poches la propriété de contenir de l'eau et de la conserver pure pendant longtemps? Sur ce point, nous sommes loin d'être du même avis, et dans la partie qui traite de la physiologie nous ferons connaître les motifs sur lesquels nous basons notre opinion.

Surface non réticulée.

365. Sur tous les autres points de la cavité du rumen,

la disposition réticulée n'existe plus, et la surface est lisse, et la muqueuse présente les caractères de l'œsophage, etc., et non ceux qu'elle a dans le rumen du bœuf, du mouton, etc... Elle est pourvue de rides nombreuses, et elle adhère lâchement aux parties sous-adjacentes.

Ouvertures.

366. Les ouvertures du rumen présentent aussi des différences importantes.

L'œsophage s'insère dans le sac gauche, au milieu de la surface supérieure, et à une distance beaucoup plus grande du réseau que dans le bœuf. Son orifice est aussi beaucoup plus grand, et sa gouttière a un trajet de 23 à 25 centimètres. Les lèvres de la gouttière œsophagienne sont moins fortes, et elles forment un canal moins complet que chez le bœuf. Nous avons déjà dit qu'une forte couche musculeuse lui sert de base.

L'ouverture droite est placée à l'extrémité du lobe antérieur droit ; elle est très-large, et elle n'est séparée du rumen que par un pilier semi-lunaire, situé à la face inférieure.

Structure.

367. Le rumen du dromadaire se compose aussi de trois membranes :

La membrane péritonéale n'offre rien de bien saillant;

La membrane musculeuse est beaucoup moins épaisse que dans le bœuf ; elle fournit un pilier qui donne plusieurs ramifications dont nous avons déjà parlé ;

La membrane muqueuse offre des différences importantes : elle est lâchement fixée à la musculeuse ; elle est susceptible de grands déplacements ; elle est pourvue de rides nombreuses, et, nulle part, elle ne présente ces papilles vasculo-nerveuses entourées d'une gaine épidermique de forme et de grosseur si variées qu'on observe dans le rumen des autres ruminants. Partout la muqueuse jouit des caractères propres des muqueuses, mais des muqueuses recouvertes d'un épiderme, comme celles de la bouche et de l'œsophage. Si on l'examine au microscope, on aperçoit très-distinctement cette disposition, et on ne rencontre point à sa surface d'ouverture des glandes qui sont placées dans sa trame, tandis que la muqueuse des autres estomacs en présente une quantité d'autant plus grande qu'on se rapproche davantage du duodenum. L'épaisseur de la muqueuse du rumen et son degré de vitalité varient suivant les endroits où on la considère ; elle est plus épaisse et moins richement organisée dans la partie réticulée que dans les cellules, et plus dans les cellules droites que dans celles du sac gauche. Toutes choses égales, dans les cellules du troisième degré, elle l'est moins que dans les autres. La couche glanduleuse de la muqueuse du rumen est abondante, et ces glandes ont un volume très-considérable. Elles sont très-visibles au microscope.

L'organisation particulière du rumen du dromadaire donne à cet organe des fonctions qui ne sont pas celles du rumen du bœuf et du mouton, et c'est à elle qu'il faut attribuer en grande partie la sobriété de cet animal. Nous ne craignons pas d'avancer qu'on commettrait une erreur grave, si l'on ne considérait le rumen que comme un simple réservoir préparatoire à la digestion.

État des aliments dans la panse.

368. Les substances alimentaires contenues dans le rumen présentent une différence sensible sous le rapport de leur degré d'altération : celles qui sont logées dans le sac gauche sont moins divisées que celles qui occupent le sac droit. Dans chaque sac, les aliments logés dans la partie réticulée sont plus altérés que ceux qu'on voit ailleurs, ce qui tend à faire croire que les aliments renfermés dans les cellules ont subi la rumination, tandis que les autres n'ont subi qu'une première mastication.

Lorsque les dromadaires n'ont pas bu depuis longtemps, s'ils ont été nourris avec du sec, on ne trouve dans le rumen que des aliments assez peu humectés ; si ces animaux ont bu le jour même, la veille, les aliments sont imprégnés d'eau ; mais les boissons et les aliments ne sont pas séparés, et les poches ou cellules contiennent un mélange des uns et des autres. Si l'on sacrifie un dromadaire qui n'a pas bu depuis deux mois, et qu'on a nourri constamment avec du vert, on trouve dans le rumen des aliments mêlés d'une liqueur verdâtre qui n'est pas autre chose que de l'eau de végétation. Dans la partie physiologique de ce mémoire, nous reviendrons sur toutes ces questions.

2° *Du réseau.*

Le réseau du dromadaire présente aussi de nombreuses différences.

Position.

369. Cet estomac fait suite au sac droit du rumen, avec lequel il semble se confondre; il n'en est séparé, à l'extérieur, que par une légère scissure transversale, et, à l'intérieur, que par une cloison en forme de croissant. Il est situé entre le sac gauche du rumen et le feuillet.

Volume.

370. Son volume est plus considérable que celui du bœuf, et cet estomac, au lieu d'être le plus petit des quatre renflements gastriques, occupe la troisième place, la caillette étant plus petite que lui.

Faces.

371. Les faces du réseau sont convexes, bosselées; l'une d'elles est appliquée sur le lobe antérieur du sac gauche du rumen, et y est fixée par un ligament épiploïque, tandis que l'autre est presque entièrement recouverte par la courbure du feuillet.

Bords.

372. Le bord supérieur est concave et s'étend entre les deux ouvertures d'entrée et de sortie.

Il donne attache à un lien épiploïque.

Le bord inférieur est plus étendu, convexe, et repose sur le prolongement du sternum. Le bord antérieur est presque droit et est recouvert par le feuillet. Le bord postérieur, convexe, n'est séparé du rumen que par une large scissure.

Origine et terminaison.

373. Nous avons déjà dit que le réseau fait suite au rumen et semble se confondre avec lui.

A sa terminaison, il se rétrécit et il présente un renflement circulaire, musculeux, qui est plus visible a l'intérieur qu'à l'extérieur.

Cavité du réseau.

374. L'intérieur du deuxième estomac se compose d'alvéoles ressemblant, quant à la forme, à celles du réseau du bœuf, mais en différant par la nature de la membrane muqueuse qui le tapisse. Ces cellules sont formées par des bandes musculeuses qui se détachent du pilier œsophagien ou de la cloison qui sépare le réseau du rumen. Des bords de ces cloisons principales se détachent ensuite des cloisons secondaires qui forment des cavités moins grandes. Enfin, ici, comme dans le rumen, nous trouvons des cavités et des cloisons d'un degré plus petit.

Ouvertures.

375. L'ouverture d'entrée fait communiquer le réseau avec le rumen ; elle est très-large et n'est circonscrite que par une bande musculeuse en forme de fer à cheval. L'ouverture de sortie est beaucoup plus petite ; elle permet tout simplement l'introduction du pouce, et elle est entourée d'un trousseau de fibres blanches, jouant le rôle de sphincter, et s'opposant à une dilatation trop considérable. Cet anneau musculaire s'introduit dans le feuillet à peu près comme le fait l'ilion dans le cœcum.

Gouttière œsophagienne.

376. La gouttière œsophagienne occupe le bord supérieur du réseau ; elle est située plus à gauche qu'à droite ; elle a de 24 à 25 centimètres de longueur, et ses lèvres sont peu accusées.

Structure.

377. Trois membranes composent le réseau.

La membrane séreuse n'offre rien de particulier. La

membrane musculeuse est plus épaisse, plus forte que dans le bœuf ; elle se confond supérieurement avec le pilier qui sert de plancher à la gouttière œsophagienne et d'où partent les bandelettes musculeuses qui forment les aréoles ou cavités du réseau. La membrane muqueuse est dépourvue de papilles vasculo-nerveuses, recouvertes d'une couche épidermique. Elle est organisée comme les muqueuses du rumen, mais elle est plus délicate qu'elles. Son organisation est d'autant plus parfaite, d'autant plus riche en glandules sous-jacentes, qu'on se rapproche plus du fond des cellules. Si on examine cette muqueuse au microscope, on voit qu'elle est recouverte d'un épiderme semblable à celui de la muqueuse du rumen sur les points correspondants aux cloisons et à la gouttière œsophagienne, tandis que dans les cavités elle était tapissée par un épithélium, et elle présente un certain nombre d'ouvertures qui sont les orifices des glandes logées dans son intérieur.

Les aliments contenus dans le réseau ont subi le phénomène de la rumination : ils sont imbibés de liquides produits par la sécrétion de l'organe ou provenant des boissons ingérées. Dans ce deuxième estomac, les aliments commencent à éprouver le phénomène de la chylification. Les fonctions du réseau du dromadaire sont donc plus parfaites que celles du réseau du bœuf.

3° *Feuillet.*

Cet estomac est un de ceux qui offrent le plus de différences anatomiques et physiologiques.

Situation.

378. Il naît de la partie antérieure du réseau ; il occupe d'abord la partie diaphragmatique droite de la cavité abdominale, puis, après avoir fourni une courbure, il se porte en arrière, en passant sur la face droite du réseau ; enfin, il gagne le bord externe du sac droit du rumen, qu'il coupe jusqu'à sa terminaison à la caillette.

Division.

379. On peut reconnaître au feuillet deux parties

bien distinctes extérieurement et intérieurement : la première, beaucoup plus petite que l'autre, fait suite au réseau et se présente sous la forme d'un petit jabot, placé en appendice à la naissance de l'organe. A son origine, elle est étranglée sur un trajet de 5 à 6 centimètres, puis elle se renfle par son bord inférieur, qui est libre et convexe, tandis que son bord supérieur est concave et s'attache au sac gauche du rumen à l'aide d'un lien épiploïque.

La deuxième partie du feuillet a la forme d'une massue ou d'un canal cylindro-conique, dont la base est au diaphragme et la pointe à la caillette. Elle est légèrement recourbée, et la convexité regarde l'hypocondre droit. Elle offre à étudier deux faces, deux bords, deux extrémités.

Faces.

380. Les faces sont arrondies, concaves, lisses, perspirables. L'inférieure repose sur le réseau et sur le sac droit du rumen ; la face supérieure est en rapport avec la masse intestinale. Chacune d'elles est pourvue de bandes charnues qui s'étendent d'un bout à l'autre.

Bords.

381. Le bord externe, convexe, est en rapport avec le flanc droit, le diaphragme ; le bord interne, concave, donne attache à un lien épiploïque.

Extrémités.

382. L'extrémité antérieure, beaucoup plus volumineuse que l'autre, décrit une courbure très-forte et repose sur le foie, à droite, et sur le rumen à gauche. Elle est séparée de la première partie du feuillet par un collet ou étranglement. L'extrémité postérieure se confond avec la caillette, et leur séparation n'est accusée que par un léger sillon.

Cavité intérieure.

383. Le feuillet est encore plus remarquable par sa disposition intérieure que par sa forme extérieure. Elle nous offre à étudier ses feuillets, ses deux orifices, sa gouttière œsophagienne.

Feuillets.

384. L'intérieur du feuillet n'est pas divisé par une foule de lames inégales, pressées, de différentes grandeurs, etc., etc., comme dans le bœuf et le mouton. Les feuillets existent, mais ils ne sont qu'à l'état rudimentaire, et ils prennent leur point d'attache sur toute l'étendue de la membrane muqueuse. Sur une des deux nayas que nous avons sacrifiées, ils étaient peu développés, et *à priori* ils semblaient être formés par de fortes rides de la muqueuse ; sur les dromadaires, nous les avons trouvés beaucoup plus nombreux, beaucoup plus développés. Ces feuillets naissent de tous les points de la circonférence de l'organe et s'étendent d'un bout à l'autre. Ils sont espacés les uns des autres de 1 à 3 millimètres, et ils ont de 1 à 3 centimètres de largeur. Tous sont formés par deux lames de la membrane muqueuse, unis par un tissu cellulaire assez lâche. Telle est la disposition dans le grand compartiment. Dans le petit compartiment, les feuillets sont peu nombreux, beaucoup moins étendus, et ils n'occupent que la partie inférieure.

Orifices.

385. Nous avons dit que le feuillet communique avec le réseau par une ouverture étroite qui s'oppose à la sortie des aliments. Ajoutons qu'il communique avec la caillette par une ouverture beaucoup plus large, ne présentant qu'un simple renflement musculaire.

Gouttière œsophagienne.

386. La gouttière œsophagienne ne se prolonge dans le feuillet que sur un trajet de 6 à 8 centimètres ; ses lèvres sont moins développées que dans le réseau, et elles se transforment en un grand nombre de rides.

Structure.

387. Le feuillet se compose de trois membranes : la péritonéale ne diffère en rien. La musculeuse est composée de fibres longitudinales extérieures et de fibres circulaires intérieures ; elle est pourvue de bandes charnues qui s'étendent d'un bout à l'autre et qui en aug-

12

mentent considérablement la force. La muqueuse, richement organisée, est lisse, très-fine et donne naissance aux feuillets. Son examen microscopique démontre qu'elle n'est recouverte que par un épithelium, qu'elle est très-riche en papilles et qu'elle présente un plus grand nombre d'ouvertures de glandes mucipares que la muqueuse des deux premiers estomacs.

Le feuillet contient toujours des substances alimentaires très-atténuées, mêlées de liquides ingérés ou produits par la sécrétion, contrairement à ce qui a lieu dans les autres ruminants. C'est dans ce troisième estomac que commencent les phénomènes propres à la digestion et que les aliments commencent à se transformer en chyme.

4° Caillette.

Chez le dromadaire, cet estomac est le plus petit des quatre, et celui qui présente le plus de ressemblance avec l'estomac correspondant chez le bœuf.

Volume.

388. La caillette n'a que la moitié, quelquefois même le tiers du volume de la caillette du bœuf. Chez le jeune sujet, elle n'a pas non plus les dimensions qu'elle présente dans le veau. Cette différence trouve sa cause dans ce que nous avons dit sur le troisième estomac. En effet, dans le dromadaire, le feuillet n'est pas simplement un réservoir dans lequel se passent les phénomènes de la digestion, mais bien un organe dont les fonctions sont semblables à celles de la caillette, et où les aliments sont convertis en chyme.

Forme.

389. Comme dans le bœuf, la caillette représente un sac allongé, conoïde, situé dans l'hypocondre droit, et reposant transversalement sur le rumen.

Faces.

390. Sa face supérieure est en rapport avec la masse du gros intestin, tandis que sa face inférieure repose sur le sac droit.

Courbure.

391. Sa grande courbure est postérieure, sa petite est antérieure.

Extrémités.

392. Son extrémité antérieure est séparée du feuillet par un léger sillon et par un renflement, mais cette séparation est moins prononcée que dans les autres animaux. Son extrémité opposée n'offre rien de particulier.

Cavité intérieure.

393. L'intérieur de la caillette présente aussi quelques différences ; son ouverture d'entrée est très-large, et n'est bordée que par un renflement de fibres charnues de la membrane musculeuse.

L'ouverture opposée est très-petite et semblable à celle du bœuf. Dans le fond de la grande courbure, on voit de grosses rides ayant l'épaisseur du doigt. Les rides disparaissent sans doute quand l'estomac est dans son état de plénitude.

Structure.

394. Trois membranes comme dans les autres ruminants :

La membrane péritonéale ne présente aucune différence ;

La membrane charnue est très-forte et se contracte quand l'estomac est vide ;

La membrane muqueuse est très-épaisse, pourvue de gros tubercules mamelonnés, très-riches en papilles et en glandes de toute nature.

La caillette remplit le même rôle dans le dromadaire que dans les autres ruminants. Les aliments qu'elle contient sont toujours fortement animalisés.

M. *Intestin.*

L'intestin du dromadaire diffère moins de l'intestin du bœuf que les estomacs.

1° *Intestin grêle.*

Renflement intestinal.

395. L'intestin grêle occupe exactement la même posi-

tion et est disposé comme chez le bœuf. Il offre une différence très-remarquable : à son origine, on voit une dilatation qui a la même forme et presque le même volume que la caillette, mais qui en diffère par sa structure en tout semblable à celle de l'intestin. Des naturalistes ont considéré ce renflement comme un cinquième
estomac. C'est une erreur d'autant plus facile à com-
prendre que ce renflement est toujours vide ou qu'il
ne contient que du chyme, et qu'il diffère complète-
ment des renflements gastriques par sa structure. Partout ailleurs l'intestin grêle est semblable à celui du
bœuf et occupe la même place.

Nous avons mesuré l'intestin grêle d'un des dromadaires que nous avons sacrifiés ; en suivant son bord adhérent, il nous a donné 25 mètres de longueur.

2° Gros intestin.

396. Le cœcum est peu volumineux et n'a qu'un
mètre de longueur.

Le colon a 22 ou 23 mètres de long. Son diamètre
transversal est à peu près celui du colon du bœuf. Les
matières fécales contenues dans les 15 premiers mètres
de cet intestin sont molles ; à partir du seizième mètre
elles deviennent de plus en plus solides et finissent par
acquérir une grande consistance.

Le rectum est plus volumineux que celui du bœuf.

Structure des intestins. Aucune différence bien sensible.

N. Épiploon.

L'épiploon offre peu de développement ; il ne forme
pas aux viscères abdominaux des liens aussi étendus,
aussi solides que dans le bœuf, et quel que soit l'état
d'embonpoint du dromadaire, il ne présente jamais une
couche adipeuse comme dans les autres ruminants.

ORGANES ANNEXES DE LA PORTION DU TUBE DIGESTIF.

O. Foie.

397. Le foie du dromadaire présente des différences
notables que nous allons indiquer :

Forme.

Sa forme est tres-irrégulière et ne ressemble ni à celle du bœuf ni à celle du cheval. Tantôt on peut facilement lui reconnaître quatre lobes de grandeur inégale et séparés par des échancrures plus ou moins profondes ; tantôt ces lobes n'existent pas, et sa circonférence est alors divisée en un grand nombre de lobules de volume et de forme très-inégaux. L'un de ces lobules, situé à la partie antérieure et médiane, et reposant sur la base du sternum, a la forme d'une queue d'hirondelle.

Position.

Le foie du dromadaire n'occupe que le côté droit de l'abdomen. L'un de ses bords, l'interne, longe la veine cave et le bord externe du pilier droit du diaphragme qu'il ne dépasse pas. L'autre bord suit le cercle cartilagineux des côtés.

Rapports.

Par sa face supérieure, le foie est en rapport avec le diaphragme, et par sa face inférieure avec le lobe antérieur du sac droit du rumen et avec le troisième estomac. Du milieu de cette face part un ligament épiploïque qui le fixe à la petite courbure du feuillet.

Le lobule de Spigel manque.

Une autre particularité de cet organe, c'est de présenter à sa base un sillon très-profond, dans lequel est enchatonné le bord antérieur du rein droit sur une grande étendue.

Absence de vésicule biliaire.

Mais la différence la plus remarquable que le foie du dromadaire présente avec celui des autres ruminants, c'est l'absence de la vésicule biliaire.

Canal hépatique.

Le canal hépatique est très-petit. Chez la plupart des grands sujets, il a à peine la grosseur d'une plume à écrire. Il sort du foie au milieu d'une échancrure située à sa face inférieure, et il gagne le duodénum en longeant le pancréas. Le point où le canal s'insère dans l'intestin grêle est toujours très-difficile à trouver.

Structure.

La structure de ce viscère présente aussi quelques différences. La capsule de Glisson adhère très-fortement aux tissus sous-jacents; le parenchyme hépatique est plus dense, plus consistant que chez les autres animaux domestiques, et les granulations qui le forment sont très-difficiles à séparer.

P. *Pancréas.*

398. Le pancréas est placé entre le pilier droit du diaphragme et le foie.

Il forme une masse irrégulière plus allongée et plus petite que chez le bœuf. La partie postérieure s'allonge sous forme d'une bande large de 6 à 8 centimètres et longue de 10 à 12, et elle occupe le côté du duodénum.

La structure de cet organe diffère peu de celle du pancréas du bœuf.

Q. *Rate.*

399. Elle occupe l'extrémité postérieure du sac gauche du rumen où elle est fixée par deux ligaments, partant l'un de la face supérieure et l'autre de la face inférieure du premier réservoir gastrique.

Sa forme n'est pas celle d'une faux, mais bien celle d'un ruban étroit et aplati.

Son caractère différentiel principal se trouve dans son volume beaucoup plus petit que celui de la rate de n'importe lequel de nos grands animaux domestiques.

Chez le dromadaire adulte, son poids n'est que de 300 à 350 grammes. Chez quelques sujets, nous l'avons trouvée de la grosseur de celle du mouton, et elle ne pesait pas davantage.

CHAPITRE VI.

Appareil de la sécrétion urinaire.

A. *Reins.*

400. Ils ressemblent à ceux du cheval, sous le rapport de la forme et de la structure ; mais ils en diffèrent sous celui du volume et de la position, etc. Ils sont plus forts, plus arrondis, plus volumineux que ceux des autres grands herbivores. Leur poids est de 800 gram., rein gauche, et de 780 gram., rein droit. Comme dans les solipèdes, leur surface est unie, ne présente ni découpure ni enveloppe adipeuse.

Position exceptionnelle.

La position de ces organes est curieuse, et il existe entre le rein droit et le rein gauche une différence très-grande, sans exemple dans nos autres animaux domestiques ; ils sont plus rapprochés de la cavité pelvienne, et le rein droit est situé plus en avant que le rein gauche. Le bord antérieur de celui-ci est sur la même ligne que le bord postérieur de celui-là. Cette position, qu'on pourrait regarder comme anormale, est naturelle et se retrouve dans tous les cas.

Nous avons dit que le bord antérieur du rein droit est complétement enchatonné dans une scissure du foie.

B. *Capsules surénales.*

401. Elles sont plus petites que dans nos grands herbivores. Sous le rapport de la forme, elles ne diffèrent des glandes thyroïdes du cheval qu'en ce qu'elles sont un peu plus aplaties de dessous en dessus.

Leur structure est semblable à celle des capsules surénales du cheval.

C. *Vessie.*

402. Cet organe ne présente aucune différence, comparé à celui des ruminants. Dans la chamelle, le méat urinaire s'ouvre à peu de distance de la commissure in-

férieure de la vulve au fond d'un pli de la muqueuse vaginale.

D. *Pénis.*

Nous ferons connaître les différences qu'il présente en parlant des organes génitaux.

CHAPITRE VII.

Appareil de la génération

Nous allons examiner successivement les différences principales qu'on rencontre dans la femelle et dans le mâle.

1° APPAREIL GÉNITAL DE LA FEMELLE.

A. *Vulve.*

403. La vulve de la chamelle est moins grande que celles de la vache et de la jument; sa commissure supérieure est très-rapprochée de l'anus; sa commissure inférieure est peu saillante; ses lèvres sont assez fortes et formées par un tissu celluleux qui leur donne un certain relief.

B. *Clitoris.*

404. Il ne constitue qu'un tout petit corps pyramidal, noyé au milieu d'une masse de tissu cellulo-adipeux.

C. *Vagin.*

405. La cavité vaginale présente des dimensions plus grandes qu'on ne le supposerait, à en juger par la longueur, la grosseur et la forme du *pénis du mâle.*

Le vagin a de **30** à **35** centimètres de longueur, et un calibre dans lequel on pourrait très-facilement introduire les deux poings réunis.

Les parois de cette cavité sont très-minces, excepté à la partie postérieure, où elles sont entourées d'une couche abondante de tissu cellulo-adipeux ou érectile. La membrane muqueuse est d'un blanc mat, légèrement rosé; elle présente peu de plis, peu de rides, et elle ne tient pas un très-grand nombre de cryptes muqueux.

Si nous étudions l'intérieur du vagin, en allant de l'entrée au fond, nous trouvons : 1° à la partie inférieure, et à 4 ou 5 centimètres de la commissure de la vulve, l'orifice du méat urinaire, protégé par un pli de la muqueuse ou valvule. Cet orifice est assez grand pour qu'on puisse facilement y introduire le bout du petit doigt ; 2° de chaque côté du méat, deux valvules formées par un pli de la membrane muqueuse, ayant la forme de nids de pigeons et de 2 à 3 centimètres de profondeur ; 3° à peu près au niveau du méat urinaire, mais sur les parties latérales du vagin, on trouve de chaque côté l'orifice d'un conduit dans lequel nous avons pu introduire le bout d'une plume d'oie, et que nous avons saisi sur un trajet de 2 centimètres. Ce canal se dirige obliquement dans l'épaisseur de la paroi vaginale, en suivant une direction d'arrière en avant et de bas en haut. Les faibles moyens d'étude que nous avons à notre disposition ne nous ont pas permis de découvrir plus loin le canal en question, et, par conséquent, d'arriver à la connaissance de ses usages. En voyant ces orifices et la direction des canaux, nous nous sommes demandé si nous n'étions pas en présence des conduits dont de Blainville a constaté la présence dans la truie, et qui, d'après ce savant naturaliste, se rendent du vagin aux ovaires, et ont pour mission d'y porter le sperme et d'y produire la fécondation dans le cas où les voies ordinaires sont oblitérées ? Nous ne préjugeons rien sur ce point important de physiologie ; nous nous contentons d'indiquer la présence de ces canaux, et nous prions ceux de nos collègues qui sont à même de faire l'anatomie du chameau de vouloir bien étudier cette question ;

4° Sur le plan supérieur, et à 7 ou 8 centimètres de la commissure supérieure, la muqueuse présente plusieurs plis rougeâtres très-développés qui se portent sur les côtes et qui pourraient bien être les rudiments de la membrane hymen ;

5° Au fond du vagin et au pourtour du museau de tanche, la muqueuse devient plus rosée et nous offre des plis circulaires, rougeâtres, dentelés à leur bord libre.

D. *Utérus.*

406. Les deux chamelles que nous avons désignées appartenaient à la race du Sahara ; elles avaient plus de dix-huit ans, et, à en juger par les nombreuses cicatrices que présentaient les ovaires, elles avaient dû être mères plusieurs fois.

Volume.

L'utérus de la chamelle est d'un volume beaucoup plus petit que celui des autres grandes femelles domestiques. Prise à l'extérieur du museau de tanche et à la réunion des deux cornes, la longueur de l'utérus est de 13 centimètres, et sa circonférence est de 12 centimètres.

Les cornes de la matrice présentent, dans leur longueur et leur circonférence, une grande différence : la corne droite est plus courte, moins large à sa base que la gauche ; elle n'a que 7 ou 8 centimètres de longueur, tandis que la gauche a de 12 à 13 centimètres.

Si nous examinons l'intérieur de l'utérus, nous y trouvons aussi une particularité digne d'être notée : elle a lieu dans le point d'ouverture des deux cornes. La corne gauche s'ouvre à 5 centimètres du museau de tanche, tandis que l'ouverture de la corne droite a lieu à 12 centimètres.

Il résulte de là que le trajet de la corne droite est trois fois moins long que celui de la gauche. Quel a été le but de la nature en conformant ainsi l'utérus de la chamelle ? Cette conformation s'observe-t-elle chez toutes les chamelles ? Dans l'état actuel de nos connaissances, nous ne pouvons répondre à la première question ; quant à la seconde, nous dirons que nous l'avons observée chez les deux chamelles que nous avons sacrifiées pour nos études anatomiques.

La structure de la matrice ne présente rien de particulier. Nous n'avons pas trouvé dans l'épaisseur de la membrane muqueuse cette quantité prodigieuse de glandules que nous avons notée ailleurs (Appareil de la digestion).

L'utérus, malgré son petit volume, est très-solidement fixé aux parois de la cavité pelvienne ; un de ses ligaments s'étend jusqu'au diaphragme, en prenant des implantations tout le long de la cavité abdominale.

E. *Trompes utérines.*

407. Elles sont flexueuses et aussi fortes que chez la vache ; elles s'ouvrent au sommet de chaque corne et au centre d'un tabernacle érectile. Leur canal se prolonge dans l'intérieur de la cavité de la corne comme un robinet dans un tonneau.

F. *Ovaires.*

408. Les ovaires sont à peine le quart de ceux de la vache ; ils sont de forme irrégulière, et leur surface est très-inégale.

G. *Mamelles.*

409. Par leur forme et par leur position, les mamelles de la chamelle ressemblent à celles de la jument, et, par leur nombre, à celles de la vache. Sous le rapport du volume, elles tiennent le milieu entre celles des deux femelles précitées.

Les mamelons sont semblables à ceux de la jument, et les deux antérieurs sont beaucoup plus forts que les deux postérieurs. Ils fournissent aussi plus de lait. Nous avons dit ailleurs que la sécrétion lactée est très-abondante chez la chamelle ; que, dans certains pays du Sahara, deux mamelons suffisent pour nourrir le jeune animal, et que les deux autres sont réservés à la nourriture de l'homme. Les canaux galactaphores sont au nombre de trois.

La structure des mamelles de la naya diffère très-peu de celle des mamelles de la jument.

2° APPAREIL GÉNITAL DU MALE.

A. *Pénis.*

410. La verge du dromadaire a une grande ressem-

blance avec celle du taureau, mais elle en diffère par quelques particularités que nous allons faire connaître.

Elle est moins longue et plus grêle; sa naissance a lieu à l'arcade ischiale, et elle se termine à la région inguinale, où elle présente une disposition anatomique sans égale dans les autres ruminants.

La partie postérieure du pénis, forte, renflée latéralement, recouverte de muscles puissants, est fixée aux branches montantes des ischium et à la symphise ischiale.

La partie moyenne, courte et grêle, un peu après avoir franchi les bourses, décrit deux inflexions, et forme, à l'entrée de la région inguinale, une S disposée absolument comme dans le bœuf; elle est peu apparente à l'extérieur.

Forme du gland.

La partie antérieure de la verge est longue de 12 à 15 centimètres; elle a pour base le corps caverneux, recouvert d'une muqueuse rosée; son extrémité libre est excessivement remarquable et s'éloigne de la conformation de celle de tous les autres ruminants; elle se termine par un fibro-cartilage en forme de tire-bouchon, implanté à sa base dans le tissu érectile et simplement recouvert par la membrane muqueuse.

Cette extrémité, au lieu d'être dirigée en avant, comme dans tous les animaux, se recourbe en arc de cercle, de haut en bas et d'avant en arrière; sa convexité se trouve logée dans un sillon ou rainure que lui offre le muscle extenseur antérieur du fourreau ou ombilical.

Corps caverneux.

Le corps caverneux du pénis est moins développé que dans le bœuf, et son tissu est plus dense. Il présente aussi un cordon central fibreux, sorte de noyau longitudinal, qui le rend très-peu dilatable; aussi voit-on, dans l'érection, le pénis s'allonger en effaçant ses courbures, mais augmenter fort peu les autres diamètres.

A sa partie inférieure se trouve un canal dans lequel est logé l'urètre.

Urètre.

Le canal de l'urètre est d'un si petit diamètre dans toute son étendue et sur tout le long de la partie libre du pénis, qu'on a de la peine a le trouver. Il se termine, non pas à l'extrémité du fibro-cartilage qui forme la tête de la verge, mais à sa base et dans le point correspondant, au milieu de l'arc de cercle décrit par le cartilage ; sa présence est indiquée dans cet endroit par un petit bouquet de papilles que nous croyons être de nature cornée. A sa face inférieure rampent des vaisseaux veineux et artériels.

Muscles blancs.

Le long de la partie inférieure du pénis se trouvent deux muscles à fibres blanches et ondulées. Ces deux cordons naissent du pourtour de l'anus, gagnent la face inférieure de la verge, qu'ils accompagnent jusqu'à l'S pénienne ; là, ils passent par-dessus, et vont s'insérer au bord libre du pénis. Ces muscles ont pour usage de refaire l'S lorsqu'elle a été défaite dans l'érection.

B. *Fourreau.*

411. Le fourreau du dromadaire diffère aussi complétement de celui des autres animaux.

Il occupe la région prépubienne, où il forme une saillie volumineuse, au sommet de laquelle on voit l'ouverture de l'organe. Cette ouverture ressemble sous tous les rapports à un des mamelons des mamelles de la naya, et son orifice est dirigé d'avant en arrière pour correspondre à l'ouverture du pénis.

La peau du fourreau est lisse, fine, dépourvue de poils ; dans la région inguinale, elle présente quatre petits mamelons, correspondant aux trayons de la chamelle et disposés comme eux.

La cavité du fourreau est très-étroite ; elle est tapissée par une muqueuse d'un rose pâle, et souvent marbrée de noir. Sur le pénis, la muqueuse est plus délicate, plus fine et plus sensible que partout ailleurs,

L'entrée du fourreau est si étroite, qu'on ne peut pas

y introduire le bout du petit doigt ; elle est entourée d'un tissu érectile comme le mamelon de la chamelle.

La structure du fourreau est curieuse : elle est formée par la peau, par du tissu celluleux lamellaire qui unit la peau à une couche de tissu fibreux dartoïde, et par un appareil de muscles qu'on ne trouve que dans le genre chameau.

La peau est dépourvue de poils ; elle est lisse et très-fine.

Le tissu celluleux est abondant et présente une certaine densité.

La couche dartoïque enveloppe le fourreau dans toute son étendue et se prolonge jusqu'auprès du scrotum.

Les muscles sont au nombre de quatre, que nous appellerons : ombilical, inguinal antérieur, inguinal moyen, inguinal postérieur.

Muscle ombilical (extenseur du fourreau). Ce muscle impair occupe la ligne médiane de l'abdomen, depuis l'ombilic jusqu'au fourreau ; il est rétréci dans le milieu et élargi à ses deux extrémités, mais beaucoup plus postérieurement qu'antérieurement. Ses fibres suivent la direction de la ligne blanche ; postérieurement, celles qui occupent le milieu du muscle se recourbent de haut en bas, d'avant en arrière, et présentent une petite rainure dans laquelle s'enchatonne l'extrémité libre du pénis. Sur les parties latérales, les fibres se dirigent en arrière et vont se confondre avec celles des muscles inguinaux. Les fibres de ce muscle sont complétement charnues dans ses deux premiers tiers, puis elles se mêlent de tissu fibreux jaune semblable à celui du dartos.

L'ombilical naît du pourtour de l'ombilic, par trois dentelures aplaties, et adhère à l'abdomen dans toute son étendue.

Il se termine en avant et sur les parties latérales du fourreau, où il se confond avec les muscles de l'aine. A sa terminaison, son adhérence à la peau est très-grande.

Ce muscle a pour usage de porter l'ouverture du fourreau en avant lorsque le membre est en érection, et de lui donner la direction qu'il présente dans tous les animaux. Après l'émission des urines, l'ombilical se contracte légèrement deux ou trois fois pour faciliter l'expulsion des dernières gouttes du liquide.

Muscle inguinal antérieur. Muscle pair, situé sous les parties latérales et antérieures de l'aine, et composé de fibres charnues, réunies en faisceaux plus nombreux à son insertion qu'à sa naissance.

L'inguinal antérieur prend son origine sur la tunique abdominale, dans le pli de l'aine, par deux expensions aponévrotiques.

Il s'insère sur les parties latérales et antérieures du fourreau, où ses fibres se confondent avec celles du muscle précédent.

Ce muscle a pour usage de porter le pénis latéralement. Il contribue aussi à le remettre dans sa position naturelle, lorsqu'il a été déplacé par l'extenseur antérieur.

Muscle inguinal moyen. Moins volumineux, moins fort que le précédent, ce muscle occupe les régions moyennes de l'aine, et s'étend depuis le haut de la cuisse jusqu'au fourreau. Il est composé de deux bandelettes charnues, séparées à leur origine, réunies au milieu, et s'élargissant à leur insertion.

L'inguinal moyen prend son origine de chaque côté du muscle sous-pubio-fémoral, par deux branches aponévrotiques à leur point de départ. Il s'insère sur les parties latérales du fourreau, entre les deux autres muscles de l'aine.

Il contribue à porter le fourreau sur les côtés, en arrière, à le ramener dans sa position naturelle lorsqu'il a été déplacé.

Muscle inguinal postérieur. Ce muscle est le plus long et le plus grêle des trois dans toute son étendue; il est noyé dans le tissu cellulaire, lâche et abondant dans la région inguinale. Sa direction est oblique, d'arrière en avant et de haut en bas. De même que ses deux congénères, il est composé de fibres rouges, réunies en faisceaux aplatis et s'élargissant à leur insertion.

L'ombilical postérieur prend son origine à la partie postérieure de l'aine, par deux petites expansions aponévrotiques entre lesquelles passe le cordon testiculaire. Il s'insère au fourreau en arrière du muscle inguinal moyen. Il est le congénère des deux muscles précédents.

C. *Testicules.*

412. Les testicules, dans le dromadaire, sont situés dans la région périnéale, au-dessous de l'ischium, et à peu de distance de l'anus. Ils occupent la même position que chez le chien. Ils sont ovoïdes, et leur dimension serait celle d'un œuf de poule, si leur diamètre antéro-postérieur n'était pas un peu plus étendu. La peau qui les recouvre est très-fine, le darthos est très-mince, et la membrane séreuse ne présente rien de particulier. Rien n'est plus facile que de mettre ces deux organes à nu dans la castration.

2° PHYSIOLOGIE.

Nous suivrons, en physiologie, la même marche qu'en anatomie, c'est-à-dire que nous décrirons la différence de chaque appareil d'organes, que nous glisserons légèrement sur celles qui ne sont que d'une importance secondaire, tandis que nous nous appesantirons sur les différences capitales.

CHAPITRE PREMIER.

Fonction de la locomotion.

Squelette.

413. L'appareil de la locomotion présente des différences physiologiques qu'il importe d'indiquer. Le

squelette offre un volume très-grand et très-peu en harmonie avec le développement du système musculaire. Les deux parties dont il se compose, tronc et membres, manquent aussi d'ensemble et d'harmonie, et le même défaut existe dans chacune des deux divisions.

Tronc.

414. Le tronc est très-volumineux et solidement bâti ; les os qui le forment, unis au moyen d'un appareil ligamenteux très-solide, présentent les plus heureuses dispositions pour les usages auxquels la nature les a destinés, et les muscles ne manquent pas d'un certain développement.

Membres.

415. Les membres, au contraire, sont grêles et longs. Leurs rayons se détachent sous des angles plus favorables aux mouvements qu'à la force. Leurs articulations sont entourées de ligaments solides, mais plus lâches que dans les autres animaux, et elles offrent des surfaces planes ou peu accentuées. Leurs muscles sont très-grêles, surtout aux membres abdominaux.

Voilà pour l'ensemble ; si nous passons en revue chaque région, nous trouverons des différences non moins grandes.

Tête.

La tête n'est petite qu'en apparence, et son poids égale celui de la tête du cheval.

Encolure.

L'encolure est très-grêle et d'une longueur sans égale chez les autres animaux domestiques. Elle est composée de pièces osseuses très-solides et unies au moyen d'articulations qui permettent des mouvements partiels étendus et variés et des mouvements d'ensemble d'une grande longueur, et pouvant s'exécuter dans tous les sens. La tête et l'encolure représentent un long bras de levier très-mobile, une sorte de balancier constamment en mouvement, et dont l'animal se sert pour rétablir l'équilibre si souvent déplacé dans les allures. Elles sont

articulées de telle sorte, que les mouvements de flexion
de la tête sur le bord inférieur de l'encolure sont peu
étendus, d'où il résulte que dans les allures, surtout
dans les allures rapides, la tête se trouve presque hori-
zontalement placée, et que, dans l'appréhension des aliments à terre, elle ne peut avoir une disposition verti-
cale.

Tronc.

Le tronc s'éloigne de la forme cylindro-conique : il
est ovoïde et comprimé latéralement. Sa ligne supérieure est fortement convexe, et le sommet de la convexité correspond à la partie supérieure de la bosse.

Poitrine.

La poitrine offre de très-beaux diamètres et certaines particularités que nous avons indiquées ailleurs.

Colonne vertébrale.

La colonne dorso-lombaire représente une voûte
douée des plus belles conditions de solidité et de force.
Elle décrit un arc de cercle très-prononcé, et les pièces
qui la composent, solidement articulées, ne jouissent
que de mouvements très-bornés. Cette région a même
une direction d'avant en arrière qui augmente singu-
lièrement sa solidité. Nous voulons parler d'une double
courbure en forme de S qu'elle décrit dans le point
correspondant à la bosse. La première courbure est
formée par les trois dernières vertèbres dorsales qui
s'incurvent du côté droit, et la deuxième par les trois
premières lombaires qui s'incurvent du côté gauche.
La disposition des articulations des vertèbres lombaires
est telle, qu'après avoir enlevé les parties molles qui les
recouvrent, les os restent en place et jouissent d'une
grande solidité. Leurs apophyses épineuses offrent une
longueur et une direction variables suivant le but que
la nature s'est proposé, mais toujours dans le plus grand
rapport avec leurs usages. Il en est de même des apophyses transverses.

Aux membres, la disposition physiologique est moins
heureuse sous le rapport de la force et de la solidité,

mais elle est plus favorable aux mouvements. Ainsi :

Epaule.

L'épaule est droite, courte, peu musclée, plaquée chez le dromadaire de bât. Chez le mahari, au contraire, elle est longue, oblique et douée de mouvements étendus.

Bras.

Le bras présente peu de développement, mais l'humérus se détache sous un angle très-ouvert.

Avant-bras.

L'avant-bras est très-nerveux et d'une grande longueur.

Genou.

Le genou est solide, large, mais souvent un peu creux.

Canon.

Le canon est court et grêle, il s'unit au boulet au moyen d'un appareil ligamenteux faible. Le tendon du suspenseur du boulet donne à cette région un certain degré de force.

Pied.

Le pied est très-élastique, mais il ne peut fouler un sol dur et rocailleux.

Les membres postérieurs sont bien plus grêles et bien plus défectueux encore.

Croupe.

A voir la croupe, on dirait qu'elle a été arrêtée dans son développement, tellement elle contraste avec le volume du corps. Elle pèche par son peu de longueur, par sa direction très-oblique, et surtout par le peu de développement de ses muscles.

Cuisse.

Le fémur est long, se détache sous un angle très-ouvert, il est fixé au coxal moins solidement que dans le cheval. Plus que partout ailleurs, le développement des muscles de la fesse fait défaut, mais cette région est enveloppée d'une aponévrose fibreuse jaune qui augmente puissamment l'action des muscles.

Jambe.

La jambe est longue, bien dirigée, et, au moins autant que la cuisse, elle est grêle et manque de force.

Le jarret est étroit, faible et fortement coudé, partant il manque de force et de solidité.

Les canons, les tendons, les pieds, présentent les mêmes défauts qu'aux membres antérieurs, et de plus, ils sont fortement engagés sous le centre de gravité.

Mouvements des membres.

Les membres du dromadaire représentent de longs compas, embrassant une grande étendue de terrain et pouvant exécuter des mouvements partiels très-variés et des mouvements d'ensemble très-étendus. Aux membres postérieurs, les mouvements sont si libres que le dromadaire applique la partie antérieure et interne du canon droit sur la face extérieure de la cuisse et de la jambe gauche, et *vice versá*, pour se débarrasser d'un insecte qui le pique. D'autres fois il frappe le dessous de son abdomen avec la partie antérieure de ses canons postérieurs. Aux membres de devant les mouvements sont moins variés et moins libres.

Les détails dans lesquels nous sommes entré, en parlant de l'anatomie du système musculaire, du système osseux et des articulations, nous dispensent de plus longues considérations sur la physiologie des organes de la locomotion.

De la disposition anatomique et physiologique particulière du dromadaire, il résulte que certaines attitudes lui sont à peu près impossibles, tandis qu'il en est d'autres qui lui sont tout à fait naturelles et qu'il exécute avec plus ou moins d'aisance. Cette particularité d'organisation doit aussi nous mettre sur la voie du genre de services qu'on peut retirer de cet animal, des contrées dans lesquelles on peut l'employer, et de celles où il conviendrait de l'introduire. Nous allons examiner rapidement toutes ces questions.

Du decubitus.

Mécanisme.

416. Le dromadaire se couche d'une manière toute particulière. Le decubitus a lieu sur la partie inférieure de la poitrine, et c'est lui qui donne naissance à ces callosités qu'on observe dans la région sternale du genou et de la rotule. Nous avons fait connaître comment les Arabes arrivent à lui donner cette attitude. Il est donc inutile d'y revenir ici, mais il importe de faire connaître son mécanisme. Pour se coucher, l'animal choisit un plan incliné et se ploie la tête en bas, puis il exécute le mouvement en trois temps. Dans le premier, après avoir allongé et abaissé l'encolure et la tête, il fléchit les membres antérieurs et il tombe sur les genoux ; dans ce premier temps, le corps est fortement incliné d'arrière en avant, et le dromadaire repose encore sur les pieds postérieurs. Dans le deuxième temps, le dromadaire fléchit les membres postérieurs ; enfin, dans le troisième, il tombe à terre et il se place sur le sternum et sur l'abdomen. Lorsque le chameau est couché, ses membres sont fléchis et placés sur les parties latérales du corps. Les antérieurs sont dirigés en arrière, les postérieurs en avant, pour que l'animal puisse facilement se relever.

Position des membres dans le decubitus.

417. La position des rayons des membres est sans égale chez les grands animaux domestiques et mérite d'être indiquée. Aux membres antérieurs, l'épaule et le bras ne présentent rien de particulier, l'avant-bras est porté en avant et dépasse de beaucoup le tronc. Les canons et les pieds sont dirigés en sens inverse, sont placés en dedans et convergent les uns vers les autres. La surface plantaire du pied regarde la poitrine. Aux membres postérieurs, la flexion se fait de la manière suivante : le fémur est dirigé en avant, le tibia en arrière, le canon et le pied longent le tibia et convergent vers le plan médian du corps. La pointe du sabot est dirigée en avant, et sa face plantaire repose sur le sol.

Appui sur le coude et sur la rotule.

418. Le décubitus n'est pas une position fatigante pour le dromadaire ; mais au bout d'un certain temps, les articulations et les rayons des membres éprouvent un sentiment de fatigue que l'animal cherche à alléger en prenant un point d'appui sur les coudes et sur les rotules. Dans ce cas, les humérus et les fémurs se détachent à angle à peu près droit, et les membres s'éloignent en sens inverse du centre de gravité. Les callosités radiales et rotuliennes n'ont pas d'autre cause que celle-là.

Le dromadaire prend cette attitude pour se reposer, pour recevoir la charge, pour s'accoupler. Il peut la conserver pendant plusiers jours, mais, comme elle ne laisse pas d'être fatigante, au bout d'un certain temps, il cherche à se relever. On le contraint à la conserver en lui troussant les membres antérieurs, c'est-à-dire en lui attachant les canons aux avant-bras.

Mécanisme du lever.

419. Pour le lever, les mouvements ont lieu en sens inverse que pour le décubitus. Dans le premier temps, les membres postérieurs se redressent et l'animal repose sur les genoux et sur les pieds postérieurs. Dans le deuxième, il se met sur les pieds antérieurs et il prend l'attitude debout.

Du reculer.

L'action de reculer s'accomplit avec beaucoup de peine chez l'animal en liberté ; elle est à peu près impossible quand il est chargé. La cause de ce fait est facile à trouver ; il suffit pour cela de jeter un coup d'œil sur sa conformation.

Du cabrer.

Son impossibilité physiologique.

420. Le cabrer est une des attitudes qui sont, sinon impossibles, du moins extrêmement difficiles pour le dromadaire. En effet, dans le cabrer, l'animal doit élever le train antérieur sur les membres abdominaux, qui supportent seuls le poids du corps. Pour pouvoir s'effectuer, cette position demande un grand développement de forces musculaires et un concours de circonstances qu'on ne rencontre pas dans le dromadaire. L'avant et l'arrière-main doivent être dans des rapports de force et de volume ; les os qui forment les leviers sont d'autant plus favorablement disposés, qu'ils se rapprochent davantage de la direction horizontale, qu'ils sont plus intimement unis entre eux et que le bras de levier de la puissance est plus long ; l'articulation coxo-fémorale doit être profonde et solide ; les muscles qui agissent comme puissance ont besoin d'un grand développement et de beaucoup de force, enfin l'articulation tibio-tarsienne doit être solide et se présenter sous un angle bien ouvert. Or, le dromadaire présente une conformation toute différente de celle dont nous venons de parler. En effet, l'avant-main est d'un volume considérable, et son poids est encore augmenté par la longueur et la mobilité de l'encolure ; le bassin est très-court, fortement incliné, et surtout peu musclé ; l'articulation coxo-fémorale ne présente pas un point d'appui très-solide, les muscles qui jouent le rôle de puissance sont faibles et très-peu développés, enfin le jarret a une fausse direction et manque de solidité. Ainsi donc, le cabrer est physiquement et physiologiquement à peu près impossible chez le dromadaire. Si nous tenons à démontrer ce point de physiologie, c'est pour prouver que la position que l'animal prend pour s'accoupler n'est pas le fait de l'habitude, comme le dit Buffon, mais bien la conséquence forcée de sa conformation.

De la ruade.

Elle n'est pas plus possible que le cabrer. Les causes de son impossibilité se trouvent dans la faiblesse des membres postérieurs, dans leur direction et dans la conformation de la colonne dorso-lombaire, dans la faiblesse des muscles qui représentent la puissance des leviers, etc.

Le dromadaire frappe quelquefois des pieds de derrière, comme le bœuf, mais plus difficilement que lui. Il ne déploie jamais qu'un membre à la fois et il lui fait décrire un arc de cercle latéralement. Dans les pâturages, on voit parfois les jeunes dromadaires enlever leurs deux pieds en même temps, mais ils ne les enlèvent qu'à une petite distance du sol, et ils les laissent vite retomber.

Du saut.

Le saut, consistant dans un déplacement subit du corps, dans des directions variables, opéré par une détente rapide des membres, demande un grand déploiement de forces qui est la conséquence de la solidité de la charpente osseuse et de la vigueur du système musculaire. Or, si l'on jette les yeux sur ce que nous avons dit ailleurs, on reconnaît facilement que cette attitude ne peut être prise par le dromadaire. On dit cependant que les mahara sautent les fossés avec facilité, lors même qu'ils portent leurs cavaliers.

Des allures.

Les allures naturelles au dromadaire se réduisent à trois : le pas, l'amble et le galop.

Du pas.

Mécanisme.

421. Le pas est l'allure habituelle du dromadaire, celle qu'il marche quand il est fortement chargé et lorsqu'il n'est pas pressé par l'aiguillon de son cavalier, mais il le quitte aussitôt qu'on l'oblige à accélérer sa marche. Le mécanisme du pas a lieu conformément aux principes si bien développés par M. le professeur Lecoq pour le cheval. Il s'exécute lentement, de telle sorte que l'œil le moins exercé peut facilement saisir les mouvements et la succession de chaque membre.

Manière particulière d'entamer l'allure.

422. Le dromadaire présente dans l'action d'entamer le pas une particularité qu'on observe souvent. On admet, en principe, et le fait est démontré par l'observation et le raisonnement, que chez tous les animaux

l'allure est entamée par un membre antérieur. L'allure commence par un membre postérieur, chaque fois que le dromadaire est campé du devant, et ce cas est si fréquent, que nous avons cru longtemps qu'il était le seul, et que là, comme dans beaucoup d'autres circonstances, cet animal offrait une exception. Ce n'a été qu'après un examen très-attentif et l'observation d'un grand nombre de sujets, que nous avons pu nous convaincre que l'action d'entamer l'allure par un membre postérieur n'est que l'exception.

Nombre de pas à la minute.

423. Le dromadaire de bât fait quatre-vingt-deux ou quatre-vingt-trois pas à la minute, sur un terrain horizontal, et, dans chaque pas, les membres antérieurs sont considérablement dépassés par les postérieurs : aussi remarque-t-on sur le sable quatre foulées bien distinctes, et l'espace compris entre la distance qui sépare le point que quitte un pied, n'importe lequel, de celui où il fait de nouveau son appui, n'atteint pas tout à fait la hauteur de l'animal, prise du garrot à terre. Elle est de 1^{m}60 ou de 1^{m}70. Ces circonstances rendent facilement compte du grand espace de terrain que peut parcourir un dromadaire dans un jour, bien que ses allures soient lentes et que ses membres se meuvent mollement.

La succession des membres se fait plus rapidement chez le mahari ; les allures sont très-rapides, et l'animal fait quatre-vingt-quinze ou cent pas à la minute. La distance qu'embrasse chaque pas est à peu près égale à celle embrassée par le dromadaire de bât.

De l'amble.

Aussitôt que le dromadaire veut accélérer sa marche, il quitte le pas pour prendre l'amble, qu'il conserve quelquefois pendant une journée entière.

Espace embrassé par les animaux de chaque race dans l'amble.

424. Dans cette allure, l'espace que parcourt chaque bipède dépasse de beaucoup la distance qui existe naturellement entre le pied antérieur et le pied postérieur, au repos, de telle sorte que le pied antérieur, revenant à l'appui, vient se porter très en avant de la piste qu'a laissée le pied de devant du même côté. Le dromadaire du Tell, dans chaque pas de l'amble, embrasse de 2 mètres à 2^m30 de terrain. Le dromadaire du sud embrasse de 2^m30 à 2^m50, et le mahari 3 mètres. Ce qui fait surtout la supériorité de ces derniers, c'est que leurs membres se meuvent avec une vitesse beaucoup plus grande que ceux du dromadaire de bât.

Distances parcourues à cette allure.

425. Les dromadaires du Tell vont l'amble pendant longtemps, quoique leurs formes soient massives et que cette allure leur soit peu familière. Ceux du sud soutiennent l'amble pendant plus longtemps encore, mais les uns et les autres sont plutôt conformés pour l'allure du pas. Tout le monde convient que l'allure de l'amble est l'allure familière du mahari, mais le temps qu'il peut la conserver et l'espace qu'il parcourt sont encore aujourd'hui l'objet d'une grande dissidence : les Arabes disent que les mahara peuvent soutenir l'amble pendant toute une journée, et faire de 70 à 75 lieues sans s'arrêter ; qu'ils font 100 lieues en quarante-huit heures, et 150 lieues dans trois jours et trois nuits. M. Jomart a écrit (*loco citato*) que les soldats du régiment des dromadaires faisaient faire à leurs héguins, en moyenne, 20 lieues par jour, et qu'ils finissaient, à la longue, par atteindre les chevaux les plus légers à la course. Un historien de l'antiquité, Diodore (L. xxix, c. 33), dit en parlant des chameaux-dromadaires : « Cette espèce de monture peut parcourir de suite, à peu de choses près, 1,500 stades. »

L'allure de l'amble est peu fatigante pour le cavalier, parce que le centre de gravité n'éprouve qu'un faible déplacement vertical, et parce que les angles articulaires sont établis de manière à amortir les secousses. Les Arabes du Sahara que j'ai consultés m'ont dit que les Chamba et les Touareg restent quelquefois trois jours sur le dos de leurs mahara, et qu'ils y dorment tout à leur aise.

Dans ses allures, et surtout dans celle de l'amble, le dromadaire éprouve un balancement d'arrière en avant et d'avant en arrière, qui ressemble assez bien à celui qu'exécute un navire en fendant la lame. C'est sans doute à ce mouvement que le dromadaire doit sa dénomination métaphysique de navire du désert.

Du galop.

L'allure du galop est moins facile au dromadaire de bât que l'amble. Dans les pâturages, les jeunes animaux font souvent des temps de galop ; les dromadaires adultes galopent aussi, mais chez eux le galop est plus difficile. Cette allure est presque impossible aux animaux qui ont une charge sur le dos. Les mahara, au contraire, galopent longtemps et vite. Dans les razzias, ils marchent le galop pendant des heures entières. L'année dernière, l'agha Djelloul avait fait venir à Tiaret des mahara qui prenaient le galop aussitôt qu'on les pressait tant soit peu et qui le conservaient pendant longtemps.

Le dromadaire donne-t-il le mal de mer ?

426. Après l'étude des allures, il se présente une question importante, et cette question est celle-ci : le dromadaire donne-t-il, oui ou non, le mal de mer ? Sur ce point, les opinions des savants et des hommes pratiques sont partagées. Pendant très-longtemps, les auteurs ont répondu par l'affirmative, mais depuis que la question a été mieux étudiée, l'opinion contraire est admise à peu près par tout le monde. Voici ce que nos recherches nous ont appris sur ce point de physiologie : nous avons interrogé bien des Arabes, et tous nous ont déclaré ne jamais avoir eu le mal de mer sur leurs dromadaires. Plusieurs soldats français nous ont fait la même réponse. M. le général Marey a consigné dans son rapport sur l'expédition de Lagouath que le dromadaire ne donne pas le mal de mer. M. le général Carbuccia a écrit (*loco citato*) : « Les expériences anciennes et celles

qui ont été faites depuis sept mois ont convaincu que pas un soldat n'a éprouvé le mal de mer sur un dromadaire. » Je me suis assis moi-même plusieurs fois sur le dos des dromadaires qui ont servi à nos études expérimentales, et je n'ai éprouvé ni vomissements, ni nausées, quoique je sois très-sujet au mal de mer. A la vérité, mes promenades ont été courtes, et elles ont eu lieu au pas. Pour mettre cette question hors de doute, il faudrait monter des mahari ou interroger des Touareg ou des Chamba consciencieux. Jusqu'ici nous n'avons pu le faire. Si, à l'avenir, une occasion favorable se présente, nous ne la laisserons pas échapper, et nous ferons ensuite connaître le résultat de nos recherches sur ce point si important de l'histoire du dromadaire (1).

Causes physiologiques de l'aptitude du dromadaire à tel ou tel service.

427. Les considérations physiologiques dans lesquelles nous venons d'entrer suffisent pour nous mettre sur la voie des services auxquels le dromadaire est le plus particulièrement propre, et des contrées dans lesquelles on peut s'en servir et l'introduire. La conformation de sa colonne dorso-lombaire nous montre qu'il est éminemment propre à porter le bât, et celle de ses membres indique qu'il ne peut être employé dans toutes sortes de contrées : le pays qui lui convient, c'est la plaine, et la plaine à surface sablonneuse. Dans les pays montagneux, accidentés, il ne pourrait rendre que de très-mauvais services : car, pour qu'un animal puisse marcher librement dans des contrées de cette nature, il faut que sa charpente soit forte, que les pièces qui la composent soient solidement fixées, et qu'un système musculaire énergique puisse le mettre en mouvement ; il faut surtout que les membres aient une bonne direc-

---

(1) Pendant mon voyage en Syrie, j'ai vu un grand nombre de pèlerins qui ont fait une ou deux fois le voyage de la Mecque à dos de dromadaire ; j'ai vu aussi des Européens qui ont visité les ruines de Palmyre, Orfa, etc., à dromadaire, et tous m'ont affirmé ne pas avoir eu le mal de mer.

tion et une organisation très-forte. Eh bien ! chez le dromadaire, nous ne voyons rien de semblable ; sa conformation est même établie d'après des règles tout à fait opposées. A l'état sauvage, on ne trouve jamais ce ruminant dans les contrées montagneuses et même dans celles qui ne sont qu'à mi-coteau. Les Arabes ont compris cela, et malgré leur vif désir de l'élever et de le posséder en grand nombre, ils se sont bien gardés de déroger à cette loi ; ils n'ont cherché à l'introduire que dans les contrées plates, mais unies ou accidentées.

Contrées où il convient de l'employer.

428. Si, par une suite de circonstances impérieuses, on oblige le dromadaire à sortir du pays pour lequel la nature l'a conformé, si on le fait voyager sur des terrains accidentés, on ne tarde pas à s'en repentir. En 1844, à la colonne de ravitaillement où nous nous trouvions, nous avons vu de près ce que nous rapportons ici : chaque fois que nous traversions un pays accidenté, nous avions, le soir, plusieurs animaux boiteux, blessés, atteints d'efforts des lombes ou des membres ; plusieurs tombaient sous le poids de leur charge et roulaient sur la pente des ravins. Depuis lors, très-souvent, nous avons été témoins de faits semblables. Tous les voyageurs qui ont fait partie des caravanes racontent qu'en traversant des chaînes de montagnes, ils ont eu des accidents de même nature.

La conformation du sabot nous indique surtout quel est le pays où le dromadaire peut fonctionner le plus facilement, où il est le plus à son aise. La largeur très-grande de cet organe, la forme convexe de la surface plantaire, la faible protection que lui accorde la semelle de corne qui le tapisse, l'élasticité des tissus qui le composent, la manière dont ils sont disposés, etc., n'indiquent-elles pas qu'il ne suffit pas que le terrain soit uni, peu accidenté, mais encore qu'il doit être mou, élastique et sablonneux ? Dans un pays uni et ferme, comme les plaines du Tell, le dromadaire marchera facilement en temps ordinaire ; mais il y sera exposé à des atteintes, à des contusions de la face plantaire, tandis que dans le sable du désert, son pied prendra un large point d'appui et sera tout à fait à l'abri des accidents dont nous venons de parler.

Causes de la lenteur de la marche du dromadaire.

429. L'organisation du dromadaire de bât est bien évidemment une de celles qui s'éloignent le plus de l'organisation des animaux de course. Chez ces derniers, la nature et l'art ont réuni les plus belles conditions de force, de vitesse, de solidité, et le saut et le galop sont leurs allures les plus familières. Les animaux coureurs parcourent souvent des distances énormes dans un temps très-court, comme nous le voyons tous les jours sur nos hippodromes, et ils se livrent à des exercices qui demandent un grand déploiement de forces musculaires et respiratoires. Rien de semblable ne se remarque chez le dromadaire porteur.

Causes de la vitesse de la marche des mahara.

430. L'organisation du mahari n'est pas tout à fait semblable à celle du dromadaire de bât, et la vitesse qu'il déploie dans certains cas n'est pas un contre-sens de sa conformation. En effet, ne trouve-t-on pas chez lui les principales conditions physiques et physiologiques qu'on regarde comme favorables aux mouvements et à la rapidité des allures? Ainsi, la longueur des compas formés par les membres, la longueur des rayons supérieurs et la brièveté des rayons inférieurs des membres, l'ouverture des angles articulaires, l'instabilité de l'équilibre, l'ampleur de la poitrine, le développement considérable de la portion tendineuse des muscles, la force des aponévroses, qui sont le partage de tous les animaux coureurs, se trouvent réunis chez le mahari; c'est à eux qu'il faut attribuer sa vitesse et les courses de longue durée qu'il fait. A ces causes diverses, nous pourrions encore en ajouter d'autres, telles que la prédominance de la fibre tendineuse et des intersections tendineuses, l'habitude de supporter des fatigues, des privations, etc.

CHAPITRE II.
Fonction de sensibilité.

Facultés intellectuelles.

431. Le dromadaire est doué d'une intelligence et de sens bien plus délicats, bien plus perfectionnés que tous les autres animaux domestiques. Nous avons vu que quelques leçons lui suffisent pour apprendre à se coucher, à se relever, à s'arrêter, à se mettre en marche, etc., au son de la voix. Combien de patience, de temps, d'habileté, ne faudrait-il pas pour amener le cheval, même de noble race, au même point? Son intelligence est même susceptible d'un certain degré de perfectibilité, et nous pensons qu'il ne serait pas difficile d'augmenter son éducation et d'agrandir le cercle des services qu'il rend. Les journaux ont rapporté, l'année dernière, qu'on a vu à Alger une calèche traînée par deux dromadaires du sud parcourir les rues, éviter les voitures et les obstacles, sans plus de difficultés que si elle avait été traînée par des chevaux dressés de longue main. Ces deux dromadaires appartenaient à M. le général Yussuf, qui les avait amenés de Médéah à Alger par des chemins accidentés. Il serait à désirer que des essais de ce genre fussent tentés sur une plus grande échelle, car quels services immenses les dromadaires ne rendraient-ils pas à l'armée, à la colonie, si on pouvait les employer au trait léger et même au trait lent ! Nous avons dit ailleurs que le général Bonaparte, en Egypte, s'était convaincu que les dromadaires pouvaient être employés à traîner des pièces d'artillerie.

Caractère.

432. Le dromadaire est d'un caractère doux et patient ; il obéit à tout ce qu'on lui demande, il se laisse facilement charger, mais il demande à être traité avec douceur et avec ménagement (1) : si on le rudoie, il s'ir-

---

(1) Les dromadaires d'Asie sont plus doux, plus patients que ceux

rite, entre en colère, pousse des cris perçants, en ouvrant une bouche énorme, et il cherche à se défendre, soit avec les pieds, soit avec les dents, soit en lançant à la figure de celui qui le tracasse un bol alimentaire qu'il fait remonter de sa panse, comme dans le phénomène de la rumination. L'un des dromadaires que nous avons sacrifiés pour nos études ne manquait jamais d'en agir ainsi avec nous après que nous lui eûmes fait subir quelques expériences. Le bol sortait de sa bouche avec assez de force pour nous atteindre à un mètre de distance de l'animal. Quand on le frappe, il se laisse tomber et il refuse de marcher. Les Arabes, qui connaissent le caractère du dromadaire, le traitent avec beaucoup de ménagements et le conduisent au son de la voix. S'il commet une faute, ils lèvent le bâton sur lui et font semblant de le frapper, mais rarement ils arrivent au fait ; c'est pour avoir agi autrement que nous n'avons pas retiré de cet animal tous les services qu'il aurait pu nous rendre.

Souvenir qu'il a des bons et des mauvais traitements.

433. Le dromadaire conserve pendant longtemps le souvenir des bons et des mauvais traitements : tous les jours on l'entend pousser des cris déchirants, fuir à l'aspect de l'homme qui l'a frappé, tandis qu'il est doux et tranquille à la vue de celui qui le traite avec ménagement. Lors des essais tentés en 1844, à Mascara, on a remarqué que les hommes qui violentaient les dromadaires à leur arrivée n'en faisaient rien de bon, et qu'il suffisait de changer de conducteur, de donner à l'animal un homme patient et intelligent, pour le rendre doux et soumis à tout ce qu'on voulait de lui.

Entêtement.

434. Aucun animal domestique n'a la volonté aussi

---

d'Afrique. A Smyrne, à Damas, à Alep, on les attache à la queue le nœud et on les met sous la conduite d'un tout petit âne, qui les fait passer par les rues les plus étroites et les plus tortueuses, par les sentiers les plus accidentés.

ferme, ne se raidit avec autant d'opiniâtreté contre la volonté de l'homme, et ne pousse l'entêtement aussi loin que le dromadaire (1).

Mémoire.

435. Les Arabes qui ont traversé le désert vantent beaucoup la mémoire des lieux du dromadaire, surtout du mahari ; ils disent que lorsqu'il est passé une fois par une route, il en conserve le souvenir, et que, souvent, il guide mieux la caravane que les guides eux-mêmes. Ils vantent aussi son instinct pour découvrir de l'eau : il paraît qu'en flairant le sol, le dromadaire reconnaît les endroits qui en cachent, et qu'il les indique au chamelier en grattant la terre de ses pieds antérieurs. Les Arabes disent encore qu'en respirant, il reconnaît à plusieurs lieues de loin la présence d'un ruisseau, d'une rivière, d'une mare, d'un puits même ; et Tavernier, dans ses voyages, tome 1ᵉʳ, page 202, raconte que leurs chameaux, qui avaient passé neuf jours sans boire, sentirent l'eau d'une demi-lieue de loin. Ils se mirent à aller leur grand trot, qui est leur manière de courir, et entrant en foule dans ces mares, ils en rendirent d'abord l'eau trouble et boueuse.

Sens.

Vue.

436. L'œil du dromadaire est parfaitement conformé

---

(1) Entre mille faits d'entêtement que je pourrais citer, en voici un qui vient de se passer sous mes yeux : dernièrement, je voulus faire entrer dans une écurie, où je l'avais opérée la veille, une chamelle qui me servait à diverses expériences ; elle s'y refusa obstinément. Pour l'engager à obéir, on lui présenta du vert, et même des feuilles d'artichaud dont elle était très-friande ; on l'excita de la voix et on fit semblant de la frapper ; rien n'y fit. Au premier coup de bâton qu'on lui donna, elle se coucha, poussa des cris déchirants, et elle aurait préféré mourir sous le bâton plutôt que d'entrer dans l'écurie. Voyant cet entêtement, on la porta avec des plates-longes. Elle s'opposa de son mieux à cet acte de violence en se cramponnant contre les murs et en cherchant à mordre. Pendant huit jours elle resta couchée et refusa de suivre son compagnon dans les pâturages, quoiqu'elle ne fût pas malade. Chaque fois que j'arrivais pour voir sa saignée, elle me montrait les dents et appliquait le bord gauche de son encolure contre le pavé de l'écurie.

14

et tout aussi beau que celui de la gazelle. Il ne manque pas d'un certain rayonnement d'intelligence et de douceur. Sa position et les mouvements dont il jouit lui permettent de se diriger dans tous les sens. Sa cornée n'offre pas la convexité à l'excès qu'on observe dans les grands ruminants, et ses humeurs sont d'une limpidité remarquable.

Au dire des Arabes, ces ruminants ont une vue excellente. Ils voient, le jour, à des distances incroyables, et cette qualité n'exclut pas celle de voir aussi de très-près, même les objets les plus petits. Dans les ténèbres de la nuit, ils aperçoivent et ils distinguent les objets qui échappent à la vue de l'homme et à celle du cheval. Cette précieuse qualité est mise tous les jours à profit par les Arabes, et surtout par ceux qui voyagent dans le Sahara.

Ouïe.

437. L'ouïe n'est pas moins parfaite que la vue : les dromadaires distinguent de très-loin un bruit imperceptible pour les Arabes, qui cependant ont ce sens très-développé. Ils ont toujours l'oreille aux aguets.

Les caravanes tirent un grand avantage de la perfection des sens de l'ouïe et de la vue des dromadaires. Dans leur campement, elles ont soin de placer ces animaux à la circonférence et de leur tourner la tête en dehors du cercle. Au moindre bruit, à l'aspect d'un objet étranger, les dromadaires poussent des cris rauques qui réveillent les sentinelles surprises par le sommeil.

Toucher.

438. Les pieds et les lèvres sont les organes principaux du toucher. Ce sens est bien développé dans le pied, malgré la semelle de corne qui le protège inférieurement ; mais il l'est encore bien plus dans les lèvres, et surtout dans la supérieure, abondamment pourvue de nerfs. C'est elle que l'animal emploie quand il veut s'assurer de la présence, de la forme et de la nature des corps étrangers. Le pied lui sert à juger des inégalités du sol, etc.

Goût.

439. Le sens du goût doit être peu développé chez le dromadaire, à en juger par la nature et la qualité des plantes dont il se nourrit et des eaux qu'il boit.

Odorat.

440. Son odorat n'offre pas non plus un haut degré de perfectionnement ; il est pourtant plus développé que chez le bœuf. Le dromadaire ne se sert pas autant de ce sens pour juger de la qualité et de la nature des corps que la plupart de nos animaux domestiques.

Cette délicatesse des sens et ces particularités de caractère font du dromadaire un animal précieux ; mais il importe qu'on le connaisse bien pour en tirer tout le parti possible. A notre avis, c'est pour les avoir ignorées ou pour ne pas les avoir sagement exploitées que la plupart des essais tentés en Algérie ont échoué. Toutes les fois que nous imiterons les Arabes dans leur manière de conduire, de traiter, de dresser le dromadaire, nous obtiendrons au moins autant qu'eux. Nous ne donnerons d'autre preuve du fait que nous venons d'avancer, que les résultats obtenus par le régiment des dromadaires lors de la campagne d'Orient.

CHAPITRE III.

Fonction de la circulation.

Les veines, les artères, le pouls et le sang, présentent des différences dignes d'être notées ici.

A. *Veines.*

441. Le système capillaire veineux sous-cutané est peu développé chez le dromadaire, et, quel que soit l'état de repos ou d'action de l'animal, on ne découvre pas sous la peau ces riches ramifications que présentent le cheval et plusieurs autres animaux. Nous avons vu ailleurs qu'il n'en est pas de même des grosses veines sous-cutanées : les veines de l'ars, les saphènes, les veines de l'éperon, se font remarquer par leur grand calibre et se dessinent parfaitement sous la peau. Les veines de la face sont aussi très-fortes ; mais les veines sous-cutanées qui présentent le plus de volume sont les jugulaires ; elles ont au moins un volume double de celles du bœuf.

B. *Artères.*

442. Le système artériel ne présente pas non plus le développement qu'on est en droit de lui supposer. Pour ne parler ici que des artères auxquelles on tâte le pouls, glosso-faciale, temporale, coccygienne, nous dirons que ces artères sont si petites, qu'on a une peine infinie à les rencontrer sous la peau. Il nous est souvent arrivé de ne pouvoir les trouver et d'être obligé de recourir aux carotides. Pour tâter le pouls à la carotide, il faut appliquer la main à plat sur le bord inférieur de la trachée, dans le point où elle est le plus convexe, et y exercer une pression assez forte avec l'index, le médium, l'annulaire et le petit doigt.

C. *Battements du cœur.*

443. Les battements du cœur ne sont pas plus faciles à saisir que ceux des artères. Pour les sentir avec les mains appliquées sur les parois de la poitrine, il faut mettre l'animal en mouvement et accélérer la circulation. Quand le dromadaire est en repos, on a besoin d'appliquer l'oreille sur les parois pectorales, et alors on entend très-distinctement les bruits des oreillettes et ceux des ventricules.

D. *Pouls.*

444. Le pouls donne de trente-deux à trente-trois pulsations à la minute dans l'âge adulte, et de trente-trois à trente-quatre dans le jeune âge.

E. *Sang.*

445. Le sang a attiré tout particulièrement notre attention, soit à cause du rôle important qu'il joue dans l'économie, soit parce que les micrographes ont signalé chez lui une particularité qui établit une infraction à une grande loi organique, présentée par l'embranchement des mammifères.

Les quatre animaux que nous avons sacrifiés en ouvrant les gros vaisseaux du cou nous ont donné, les deux chamelles, 21 kilog. 500 grammes de sang, et les deux dromadaires, 23 kilog. 880 grammes. Les femelles étaient plus petites que les mâles, et les uns et les autres étaient dans un état de maigreur assez prononcé.

Nous avons expérimenté en décembre, janvier, avril et mai 1853, et en mars et avril 1854, sur quatre animaux des deux sexes, dans l'âge adulte, nourris de plantes vertes, et voici le résultat de nos études. Le sang tiré à la jugulaire a présenté les caractères suivants : au sortir de la veine il ressemble par sa couleur à celui du bœuf, il exhale une odeur forte qui rappelle celle de la transpiration cutanée de l'animal. Sa température est de + 38°. Celle du sang artériel est de + 39°. Abandonné à lui-même dans un vase cylindrique de 2 décimètres de diamètre, il commence à se coaguler au bout de six minutes et il est complétement coagulé deux minutes après. Le caillot présente les mêmes caractères physiques que le sang du bœuf. Au bout de cinq heures le sérum a commencé à se séparer du cruor ; huit heures plus tard, 41 grammes de sang nous ont donné 22 grammes de sérum et 19 de cruor. Mais la séparation de ces deux parties n'a été complète que trente-six ou quarante heures après la saignée.

Examen microscopique.

Un célèbre micrographe, M. Mandl, dit que le sang de la tribu des chameaux est composé de globules elliptiques, et M. Milne-Edwards, dans une note sur le sang de ces animaux, confirme cette opinion. (*Éléments de zoologie*, p. 19.) (1). Cette exception à la loi offerte par

---

(1) *Compte rendu des séances de l'Académie des sciences,* t. VII, p. 1000.

tous les mammifères qui ont des globules circulaires, nous a frappé, et nous avons voulu vérifier le fait par nous-même. Dans notre premier mémoire, nous avons rendu compte, de la manière suivante, du résultat des recherches que nous avions faites. Nous avons examiné au microscope du sang tout récemment sorti de la veine, et nous avons vu les globules circulaires, mais plus petits que ceux de l'homme et du cheval, que nous examinions comparativement (1). Plusieurs fois nous avons répété la même expérience, et toujours, nous et plusieurs personnes, avons vu les globules de la même forme, c'est-à-dire circulaires. De quel côté est la vérité? Nous n'osons nous prononcer tout à fait en notre faveur, car l'opinion d'une autorité aussi grande que celle de M. Maudl recommande la plus grande réserve. Désirant nous éclairer sur cette question, et savoir si nous avions vu bien ou mal, nous avons envoyé du sang à l'école vétérinaire de Lyon. Malheureusement, les altérations que ce liquide avait éprouvées en route n'ont pas permis au professeur de chimie de voir la forme de ces globules.

Depuis le jour où nous avions écrit ces lignes, nous nous sommes livré à de nouvelles études sur le sang. Nous l'avons examiné avec des microscopes plus puissants que ceux dont nous nous étions servi d'abord, et les résultats ont été différents de ceux que nous avions annoncés dans notre premier mémoire, mais semblables à ceux qui ont été indiqués par M. Maudl. Nous avons soumis au foyer d'un microscope, doué d'un grossissement de 400 fois, du sang de dromadaire aussitôt sa sortie de la veine, ou du sang mélangé avec une dissolution de sulfate de soude ou avec une dissolution d'eau sucrée, et nous avons vu très-distinctement : 1° que les globules sont elliptiques et à contours

---

(1) Le microscope dont nous nous sommes servi est de l'invention de M. Raspail. Il se compose de quatre lentilles portant les numéros 6, 3, 1 et 12 et demi.

parfaitement nets ; 2° que ces globules sont dépourvus de noyau central et ont une teinte égale sur toute leur surface ; 3° qu'ils ont un diamètre plus petit que ceux de l'homme et des autres ruminants.

De ce qui précède, il résulte que les globules du sang du dromadaire diffèrent de ceux des mammifères, de ceux des oiseaux et de ceux des reptiles, sous plusieurs rapports et qu'ils leur ressemblent sous plusieurs autres. Nous allons faire connaître leurs différences et leurs analogies principales.

Ils diffèrent des globules des mammifères par la forme, par le volume et par la structure.

A. *Par la forme.* Les globules du sang de l'homme, du cheval, du bœuf, du mouton et de tous les animaux mammifères, moins les alpacas et les lamas, sont circulaires, ceux des dromadaires sont elliptiques, et leurs contours sont tout aussi bien dessinés et tout aussi nets que ceux des globules de la vipère que nous avons examinés comparativement.

B. *Par le volume.* Si l'on examine comparativement les globules du sang du dromadaire avec des globules du sang de cheval, d'homme, de bœuf, etc., on voit très-distinctement que les globules du dromadaire sont plus petits que ceux des autres animaux. (Les globules de notre sang avaient un diamètre à peu près double de celui des globules du dromadaire.)

C. *Par la structure.* La plupart des auteurs admettent la présence d'un noyau central dans les globules du sang des mammifères, et ils en démontrent la présence par l'acide acétique qui dissout les enveloppes des globules et laisse le noyau central intact. Si l'on traite le sang du dromadaire par l'acide acétique, le globule se racornit, diminue de volume, se rapproche de la forme circulaire ; mais il ne s'y opère aucune dissolution. Du reste, l'observation pure et simple du globule au microscope démontre qu'il ne renferme pas de noyau au centre, car sur tous les points il a une teinte uniforme et égale.

Les globules du sang du dromadaire ressemblent par

leur forme elliptique à ceux des reptiles; mais il en diffèrent par leur volume et par l'absence du noyau central.

Le volume des globules du sang des reptiles, celui des globules de la vipère surtout, nous a paru au moins six fois plus grand que celui des globules du dromadaire.

La présence d'un noyau central dans les globules des reptiles est admise par tous les auteurs, et sa présence est facilement démontrée par l'acide acétique, tandis que nous avons dit qu'il n'existe pas chez le dromadaire.

Les globules du sang du dromadaire éprouvent sur le foyer du microscope les mêmes changements de forme, de composition, etc., que ceux des autres animaux; il est donc inutile de nous arrêter sur ce point de micrographie.

CHAPITRE IV.

Fonction de la respiration.

Les phénomènes de la respiration présentent quelques différences que nous allons indiquer.

Ouverture des cavités nasales.

446. L'aile interne du nez, dépourvue de fibro-cartilage et formée par un tissu assez lâche qui permet son abaissement sur l'aile externe, ferme presque complétement, dans la respiration ordinaire, l'ouverture nasale, et ne permet que l'introduction d'une faible quantité d'air. Dans les grandes respirations, les naseaux ne sont guère plus ouverts, et, par conséquent, la colonne d'air qui s'introduit par cette voie n'est pas beaucoup plus considérable. Une telle disposition aurait été nuisible à l'accomplissement de la respiration, si la nature n'y avait remédié en donnant au dromadaire la faculté de respirer tout à la fois par le nez et par la bouche.

Grâce à cette particularité, l'air qui s'introduit dans la poitrine s'y introduit en grande quantité, et, pour atténuer les effets que son contact aurait pu produire sur la muqueuse bronchique, la nature a doué le dromadaire d'un canal trachélien long et étroit, dans lequel l'air se met en équilibre de température. La nature n'a pas borné là sa sage prévoyance : elle a placé à l'entrée des voies aériennes une sorte de crible formé par des poils, longs, épais, nombreux, au travers desquels l'air se débarrasse du sable dont il est si souvent chargé dans les contrées arides et mouvantes du Sahara. J'ajouterai que la peau se continue très-avant dans l'intérieur des cavités nasales, ce qui contribue encore à diminuer les chances d'irritation de la pituitaire.

Explication du phénomène de la respiration buccale.

447. Nous venons de dire que le dromadaire jouit de la propriété de respirer par le nez et par la bouche : cette particularité établit encore une différence entre lui et le cheval ; et elle tient à la disposition anatomique de l'ouverture postérieure de la cavité buccale et du voile du palais. Chez le cheval, l'ouverture de la bouche est étroite, parfaitement circonscrite dans tous les sens et susceptible de peu de dilatation, et le voile du palais ferme complétement cette ouverture, ne s'élève que d'avant en arrière pour donner passage au bol alimentaire, et forme un obstacle invincible, non-seulement à l'air expiré, mais même aux aliments quand, par hasard, ils remontent de l'estomac. Chez le dromadaire, l'ouverture buccale est très-grande, n'est pas circonscrite latéralement par des piliers, ce qui permet une dilatation plus forte, et le voile du palais, formé par une membrane très-mince, flotte constamment, soit dans la bouche, soit dans l'arrière-bouche, et ne peut s'opposer ni à l'entrée ni à la sortie de l'air. D'où il résulte que l'air, dans le phénomène de la respiration, peut suivre ou la voie de la bouche ou celle des cavités nasales.

Cornets et sinus.

448. Le peu de développement des cornets, des sinus et des cavités nasales, est la conséquence de la conformation physiologique de l'appareil de la respiration.

Phénomènes physiques de la respiration.

449. Les phénomènes physiques de la respiration s'exécutent comme chez tous les grands animaux domestiques. La poitrine se dilate et se resserre lentement et uniformément. Les expirations sont au nombre de dix à onze par minute chez le sujet adulte, et de onze à douze dans le jeune âge ; elles sont également étendues, et on n'observe pas comme chez le cheval une grande expiration après cinq ou six expirations moyennes.

L'oreille appliquée sur les parois pectorales ne perçoit qu'un léger murmure respiratoire.

Phénomènes chimiques.

450. Les moyens d'investigation que nous possédons ne nous ont pas permis d'étudier les phénomènes chimiques de la respiration, et de dire s'ils sont différents de ceux des autres ruminants. Nous avons noté seulement que l'air expiré exhale une odeur très-forte, *sui generis*, qui altère très-vite les milieux dans lesquels on place le dromadaire, et se répand au loin. Cette odeur, jointe à celle de la transpiration cutanée, des urines, etc., fait découvrir facilement un campement de dromadaires. Nous avons dit ailleurs que pendant le rut l'air qui sort de la poitrine du dromadaire a une odeur très-forte et spermatique.

CHAPITRE V.

Fonction de la digestion.

C'est sur cette fonction qu'on a le plus écrit et que

règne la plus grande dissidence dans les auteurs qui ont parlé du dromadaire. Nous allons les décrire avec quelques détails.

Préhension des aliments.

451. Les lèvres du dromadaire jouissent d'une excessive mobilité, et peuvent saisir les plantes les plus fines et les plus courtes ; elles concourent seule à la préhension des aliments et à leur introduction dans la bouche. La lèvre supérieure est naturellement fendue et présente la même disposition que dans le bec de lièvre ; elle est l'organe principal du toucher et sa surface extérieure est parsemée de poils qui président à ce sens.

Mastication.

452. La mastication et la déglutition s'opèrent par un phénomène semblable à celui des autres ruminants.

Rumination.

453. La rumination n'offre rien de particulier.

Digestion.

454. Les phénomènes de la digestion ne se passent pas tout à fait comme dans le bœuf. Chaque compartiment gastrique offre des différences plus ou moins grandes que nous avons mentionnées en décrivant les estomacs du dromadaire, et qu'il serait superflu de répéter ici. Disons seulement que la chimification commence à s'opérer dans le deuxième et dans le troisième estomac, mais que l'organisation de leurs muqueuses n'est pas aussi parfaite que celle de la caillette.

Le point de physiologie qui éloigne le plus le dromadaire des autres espèces domestiques, qui en fait un animal si précieux, surtout dans les contrées arides que parcourent les caravanes, c'est la sobriété, admirable qualité qui lui permet de supporter pendant longtemps la faim et la soif sans altération pour sa santé. La sobriété offre deux points à examiner : la sobriété des boissons et celle des aliments.

Abstinence des boissons : d'après Pline.

455. Le dromadaire supporte admirablement la soif. Tout le monde est d'accord sur ce point de physiologie et sa sobriété est proverbiale. Mais il n'en est pas de même de celui qui consiste à fixer le temps que le dromadaire peut rester sans boire sans que sa santé en souffre. Les auteurs diffèrent considérablement d'opinions sur cette question qui est pleine d'incertitudes et d'assertions contradictoires. Suivant Pline, les chameaux peuvent supporter la soif pendant quatre jours, et lorsqu'ils trouvent de l'eau, ils en boivent copieusement pour le passé et pour l'avenir, après l'avoir troublée avec leurs pieds ; ils ne boivent pas autrement (1). Plus loin il ajoute : « Les chameaux conservent l'eau dans des poches s'ouvrant dans le second ventricule, dans lesquelles ils gardent longtemps l'eau qu'ils boivent en grande quantité, lorsqu'ils en trouvent, afin de leur servir ensuite lorsqu'ils en manquent dans les déserts où ils ont coutume de voyager. »

D'après Buffon.

456. Buffon dit des choses beaucoup plus surprenantes. D'après notre célèbre naturaliste, les « chameaux boivent une seule fois pour tout le temps passé et pour autant de temps à venir, car, souvent, leurs voyages sont de plusieurs semaines et leurs temps d'abstinence durent aussi longtemps que leurs voyages. Au reste, cette facilité qu'ils ont de s'abstenir longtemps de boire n'est pas de pure habitude, c'est plutôt un effet de leur conformation. Il y a dans le chameau, indépendamment des quatre estomacs qui se trouvent d'habitude dans les animaux ruminants, une cinquième poche, qui leur sert de réservoir pour conserver l'eau. Ce cinquième estomac manque aux autres ruminants et n'appartient

---

(1) *Hist. nat.*, L. VIII, C. 18. Sitim et quatriduo tolerant cameli, impliuntur que cum bibendi occasio est, et in præteritum et in futurum, obturbatà proculatione priùs aquà, aliter potu non gaudent.

qu'au chameau. Il est d'une capacité assez vaste pour
contenir une grande quantité de liqueur, elle y séjourne
sans se corrompre et sans que les autres aliments puis-
sent s'y mêler, et lorsque l'animal est pressé par la soif
et qu'il a besoin de délayer les nourritures sèches et de
les macérer par la rumination, il fait remonter dans la
panse et jusque dans l'œsophage une partie de l'eau par
une simple contraction des muscles. C'est donc en vertu
de cette conformation très-singulière que le chameau
peut se passer plusieurs jours de boire, et qu'il prend
en une seule fois une quantité prodigieuse d'eau qui
demeure saine et limpide dans le réservoir, parce que
ni les liquides du corps, ni les sucs de la digestion ne
peuvent s'y mêler » (1). Buffon considère ce réservoir,
non comme un réservoir naturel, mais comme une
poche qui se serait formée petit à petit sous l'influence
de l'introduction d'une grande quantité de liquide,
car il dit : « L'on peut présumer de même que la poche
qui contient l'eau, et qui n'est qu'un appendice de la
panse, a été produite par l'extension de ce viscère. L'a-
nimal, après avoir souffert trop longtemps de la soif,
prenant à la fois autant et peut-être plus d'eau que
l'estomac ne pouvait en contenir, cette membrane se
sera étendue, dilatée et prêtée peu-à-peu à cette sur-
abondance de liquide (2). »

D'après l'Académie de Paris.

457. *Les Mémoires pour l'histoire naturelle des animaux*, etc., par l'Académie de Paris, renferment le passage suivant : « Au bout du second ventricule du dromadaire, se trouvaient plusieurs trous carrés qui étaient
les orifices d'environ vingt cavités faites comme des
sacs, et placés entre les deux membranes qui forment la
substance de ce ventricule. A la vue de ces sacs, nous
pensâmes que ce pourrait bien être les réservoirs dont

---

(1) Buffon, *Hist. nat.*, art. Chameau-dromadaire.
(2) *Loco citato.*

Pline parle quand il a dit : « que les chameaux gardent longtemps l'eau qu'ils boivent en grande quantité quand ils en trouvent, afin de s'en servir ensuite lorsqu'ils en manquent dans les déserts où ils ont coutume de voyager. »

D'après Adelon.

458. M. Adelon place le chameau parmi les animaux qui ne boivent jamais, et qui, partant, n'ont pas la soif. (*Physiologie de l'homme*, t. 2, p. 525.)

D'après Shaw.

459. Un voyageur très-digne de foi, le docteur Shaw, qui a habité longtemps Alger, et qui a visité toute la Barbarie, l'Egypte, la Syrie, etc., dit : « Le dromadaire peut se passer de boire pendant quatre ou cinq jours, et une petite portion de fèves ou d'orge, ou bien quelques morceaux de pâte faite avec la fleur de farine, lui suffisent par jour pour sa nourriture.

D'après le général Daumas.

460. Dans son livre sur le *Sahara algérien*, **M.** le général Daumas dit dans plusieurs endroits : que les Arabes font boire leurs chameaux tous les trois ou quatre jours, et dans son ouvrage sur le *Grand désert*, le même auteur s'exprime ainsi : « d'ailleurs il est connu qu'un homme ne meurt pas de soif avant trois jours entiers, et dussions-nous tuer quelques-uns de nos chameaux pour nous désaltérer avec l'eau que la nature met dans leur estomac, nous n'en manquerons point pendant si longtemps. »

D'après M. Constant Flaubert.

461. M. Constant Flaubert, dans sa notice sur le dromadaire, a écrit les lignes suivantes : « Il paraît que sa boisson a besoin d'être réglée suivant les saisons, et que plus la température est élevée moins il doit boire. C'est ainsi qu'on le fait boire tous les jours en hiver, tous les quatre ou cinq jours au printemps et en automne, tous les dix, douze ou quinze jours en été. Les Arabes prétendent que s'ils n'en faisaient pas ainsi, le dromadaire

tomberait malade. Cet animal ne reçoit jamais de grains d'orge, et peut rester un mois sans boire sans que sa santé s'altère. » (*Recueil de médecine vétérinaire*, année 1849, cahier de mai.)

D'après le général Carbuccia.

462. Dans le livre que vient de publier M. le général Carbuccia sur le dromadaire, nous lisons, § 16 : « *Réservoir d'eau.*—Le dromadaire supporte la faim et la soif avec une patience qui tiendrait du prodige, si l'on ignorait la structure de son estomac, lequel est capable de contenir et même de produire de l'eau, suivant l'opinion du célèbre Cuvier. En effet, non-seulement le chameau a quatre estomacs comme les autres ruminants, mais il a en outre des augets ou cellules, qui, dans leur ensemble, peuvent contenir plus de vingt litres d'eau ; cette eau y séjourne sans se corrompre, à tel point qu'un célèbre voyageur rapporte avoir vu éventrer un dromadaire mort depuis vingt jours, dans le réservoir duquel on trouva vingt litres d'eau encore potable. C'est en comprimant ce réservoir par l'action des muscles abdominaux que l'animal peut faire refluer le liquide, soit dans la panse, soit dans le gosier.

« L'expérience pourra faire connaître si l'eau des cellules provient d'une réserve faite par l'animal sur sa boisson, ou bien si elle n'est que le produit naturel d'une sécrétion alimentaire. Le dire des Arabes et mes propres observations sont en faveur de cette dernière opinion. Un dromadaire étant mort, le 10 décembre, dans la Mitidja, l'ouverture en fut faite en présence de plusieurs officiers de Bordj-el-Arrach. Le réservoir d'eau présentait l'aspect d'un melon dont il offrait la contexture. Il contenait plus de quinze litres d'eau verdâtre, mais sans mauvais goût. Les Arabes ayant affirmé qu'après avoir déposé trois jours cette eau devenait limpide et restait potable, l'expérience en fut faite et elle réussit. »

Le même auteur dit, page 101 : *Doutes sur l'existence d'un cinquième estomac* (194) : « L'appendice de la panse désigné sous le nom de réservoir d'eau par les naturalistes, et qui occupe la position du bonnet dans le bœuf, chez lequel il offre d'ailleurs une structure différente, a longtemps été considéré par quelques-uns d'entre eux comme formant le cinquième estomac. D'autres naturalistes, renonçant à faire un estomac spécial de l'appendice du premier estomac, mais préoccupés aussi de la pensée qu'il doit y avoir cinq estomacs dans le dromadaire, ont compté pour un estomac un renflement du canal digestif placé au commencement du duodenum ; nous croyons que c'est également à tort.

« En résumé, comparaison attentive faite entre l'appareil stomacal du bœuf et celui du dromadaire, il semble qu'on ne peut admettre le cinquième estomac. »

D'après la légende arabe.

463. Enfin, nous terminerons ces citations en rapportant une légende arabe : Au commencement de l'été, le dromadaire boit, puis il reste quinze jours sans boire, puis treize, puis douze, puis enfin sept, en diminuant successivement le nombre des jours d'abstinence. Enfin, il boit tous les sept jours et rien que tous les sept jours, quelles que soient les fatigues qu'il supporte, les chaleurs, etc....

Questions diverses que nous nous sommes proposées.

464. Qu'y a-t-il de vrai dans tout cela ? De quel côté se trouve la vérité ?

Nous avons voulu le savoir par nous-même, et pour cela, nous nous sommes posé et nous avons cherché à résoudre les questions suivantes :

1º Existe-t-il, oui ou non, un organe annexé à l'estomac, et dans l'affirmative, est-ce un cinquième estomac ; sont-ce des poches ?

2º Quels sont les usages de cet organe ?

3º Comment les poches se sont formées ?

4º Quels sont les usages des poches ?

5º Quels sont les usages du renflement intestinal ?

6º Combien de temps le dromadaire peut-il rester sans boire, sans altération pour sa santé ?

7° Quelle est la limite extrême de son abstinence pour les boissons ?

8° Quelle est la quantité d'eau qu'il boit chaque fois ?

L'anatomie, les expériences physiologiques, l'observation et l'interprétation des faits qui se passent chaque jour sous nos yeux, et les renseignements puisés auprès des Arabes, ont été mis en usage pour arriver à la solution de ces propositions, et voici où nous ont conduit nos études.

465. 1° *Existe-t-il oui ou non un organe annexe à l'estomac ?* Cette question était facile à résoudre. Il suffisait de sacrifier des dromadaires et de faire avec soin l'anatomie de leurs organes digestifs. C'est en effet ce que nous avons fait sur quatre sujets que nous avons fait venir du Sahara, et que nous avons sacrifiés en présence de plusieurs vétérinaires, médecins, officiers de cavalerie, etc. Or, il résulte de nos recherches : 1° qu'il n'existe, dans le dromadaire, que quatre estomacs, présentant il est vrai de nombreuses différences, comparés à ceux du bœuf ou du mouton; 2° que l'un de ces estomacs, le rumen, a de nombreuses cavités ou poches, placées dans les lobes antérieurs de chaque sac. Ainsi donc, d'après nos recherches anatomiques, nous considérons comme fausses l'opinion de Daubenton, de Buffon, les traditions arabes, etc., qui admettent l'existence d'un cinquième estomac ou réservoir, annexé au rumen, dans lequel l'animal met en réserve l'eau qu'il boit et l'y conserve pure pendant longtemps sans altération et où le voyageur peut la prendre pour étancher sa soif en cas de besoin.

466. 2° *Quels sont les usages des poches ?* La présence des poches étant démontrée, nous avons voulu en connaître les usages. Pline, qui en a parlé le premier, les considère comme des réservoirs, des espèces de citernes, dans lesquelles le dromadaire fait des provisions considérables de liquide, quand il en trouve, afin de s'en servir ensuite quand il en manque dans les contrées où il voyage.

Pour vérifier l'exactitude du fait avancé par l'auteur

précité, et soutenu par plusieurs autres, nous avons fait les expériences suivantes :

Expériences.

467. 1re *Expérience.* Du 1er au 30 avril 1853, nous avons nourri une chamelle avec des plantes vertes fauchées dans les prairies naturelles du haras. Depuis bien longtemps déjà cette chamelle était nourrie de la même manière. Le 30 avril, nous l'avons sacrifiée, et, à l'ouverture, nous avons trouvé le rumen rempli d'aliments solides, abondamment imprégnés de liquides, mais nulle part, pas plus dans les poches qu'ailleurs, nous n'avons trouvé de liquides assemblés et isolés des solides. Les aliments contenus dans les autres estomacs offraient aussi les mêmes caractères.

2e *Expérience.* Un chameau fut nourri avec du vert pendant trente jours (du 1er au 30 avril 1853), puis nous le mîmes au sec pendant dix jours (du 1er au 10 mai), en ayant soin de ne pas lui donner à boire (la température extérieure était de 20°). Le onzième jour de ce régime, nous lui fîmes présenter de l'eau. Il en but quatre seaux, soit soixante-dix litres dans l'espace de six minutes. Le treizième jour nous le sacrifiâmes et nous procédâmes à son autopsie en présence de plusieurs vétérinaires, médecins et officiers de cavalerie, et voici quel était l'état de l'appareil gastrique : 1° le rumen contenait une grande quantité d'aliments solides, bien humectés, surtout dans le sac droit ; les cellules ou poches étaient distendues par les aliments ni plus ni moins humectés que dans les autres parties ; 2° dans le réseau, les substances alimentaires se trouvaient aussi mêlées à des liquides ; 3° même disposition dans le troisième et dans le quatrième estomac ; 4° le renflement duodénal et le duodénum contenaient un peu de chyme.

3e et 4e *Expériences.* Au mois de mars 1854, nous avons répété les deux expériences qui précèdent, en suivant la même marche, et nous avons obtenu des résultats tout à fait semblables à ceux dont nous venons de parler.

L'état des matières alimentaires renfermées dans le rumen et la quantité de liquides qui les humectent varient suivant le genre de nourriture auquel on soumet l'animal, et suivant quelques autres circonstances : 1° si on ouvre un dromadaire nourri avec du vert, on trouve dans le rumen, lors même que l'animal n'a pas bu depuis longtemps, cinq ou six litres de liquide verdâtre, qui provient de l'eau de végétation contenue dans les plantes. Ce liquide nage au milieu des substances solides, et il n'est pas plus abondant dans les poches que dans le milieu du rumen. Abandonné à lui-même, il s'altère assez vite ; 2° chez les animaux nourris avec des aliments secs, et qui n'ont pas bu depuis longtemps, le liquide renfermé dans le rumen est peu abondant, et les aliments sont peu humectés ; 3° chez ceux qu'on a mis à la diète de boisson pendant longtemps, puis qu'on fait boire en abondance la veille ou l'avant-veille de leur mort, les aliments contenus dans l'estomac sont fortement humectés, mais ils ne le sont guère plus dans les poches qu'ailleurs.

De ces quatre expériences, il résulte, à ne pas en douter, que les poches du rumen n'ont pas les usages qu'on leur a assignés, et que ce serait une erreur grave de les considérer, avec Pline, comme des sacs destinés à contenir de l'eau de réserve, et, avec Cuvier, comme des organes destinés à en sécréter.

468. 3° *Comment les poches se sont-elles formées ?* Pour expliquer la formation de ces poches, dirons-nous ce que Buffon a dit du prétendu réservoir, ou cinquième estomac, à savoir : qu'elles n'existaient pas chez les premiers individus du genre chameau ; qu'elles ont dû se former petit à petit sous l'influence de l'introduction d'une grande quantité d'eau à la fois ? mais une telle opinion est tout à fait inadmissible ; car, s'il est vrai que l'habitude peut apporter de grands changements dans un appareil d'organes, il est inexact d'admettre qu'elle peut créer un organe là où il n'en existait pas tout d'abord, et modifier aussi profondément un des organes les plus importants de l'économie.

469. 4° *Quels sont les usages des poches ?* A notre avis, les poches du rumen ont existé dans tous les temps et chez tous les individus du genre chameau. La nature, en les créant, a eu pour but de multiplier considéramment l'étendue de la membrane muqueuse sans donner à cet estomac un volume beaucoup plus considérable, et de fournir par ce moyen les éléments d'une sécrétion très-étendue. C'est à cette disposition des sacs, à l'organisation spéciale de la muqueuse des renflements gastriques, à la présence d'une quantité innombrable de glandules, de cryptes mucipares, dans tout le tube digestif, et notamment dans la première voie, qu'il faut attribuer la sobriété du dromadaire, la facilité avec laquelle il supporte la soif si longtemps, et non à la présence d'un organe qui n'existe pas ou qui a des usages différents de ceux qu'on lui a assignés.

470. 5° *Quelles sont les fonctions du renflement intestinal ?* Des naturalistes renonçant à faire un estomac spécial de la partie aréolaire du rumen, mais poursuivis par la pensée qu'il devait exister chez le dromadaire un cinquième estomac, ont assigné cet usage au renflement intestinal. Pour reconnaître, *à priori*, l'erreur de cette opinion, il suffirait d'avoir les moindres notions sur l'anatomie de l'appareil gastrique et du renflement intestinal. *A fortiori*, l'expérience démontre aussi que cette opinion est toute gratuite, car si l'on sacrifie un dromadaire deux jours après qu'il a bu une quantité prodigieuse d'eau (70 litres), on ne trouve dans le renflement intestinal qu'un amas de chyme ; preuve bien évidente que le réservoir sert à toute autre chose qu'à tenir des liquides en réserve.

471. 6° *Combien de temps le dromadaire peut-il rester sans boire ?* Nous avons fait connaître les opinions de plusieurs auteurs, Pline, Buffon, Shaw, MM. Flaubert, Adelon, Carbuccia, sur cette question, et nous avons vu que tous diffèrent de manière de voir sur ce point de physiologie. A notre avis, il y a dans ces opinions diverses du vrai et de l'exagération, et cette divergence vient de ce que chaque auteur a étudié la sobriété du dromadaire à une époque différente de l'année et sur une petite échelle. C'est du moins ce qui résulte de nos propres observations et des renseignements que nous avons recueillis auprès de bien des chameliers du Tell, des hauts plateaux, du Sahara, du pays des nègres, auprès de gens ayant fait partie des caravanes qui vont chaque année dans l'intérieur de l'Afrique.

Nous rémunérons ainsi le résultat de nos observations et de ces renseignements :

Au printemps.

1° Au printemps et pendant tout le temps que le dromadaire se nourrit avec des plantes vertes, il peut se passer de boire ; l'eau de végétation que les plantes contiennent alors suffit pour étancher sa soif, pour réparer ses pertes, pour fournir aux sécrétions diverses, etc... Nous avons vérifié ce fait, et par l'observation directe et par l'expérience : ainsi, en mars et avril de 1844, nous faisions partie de l'équipage des dromadaires de Mascara, ayant pour mission de ravitailler les postes avancés de Sidi-bel-Abbès, de Louizert, etc. Pendant plus de deux mois que dura notre expédition, nous ne vîmes boire aucun dromadaire. Les soldats qui les conduisaient, les officiers sous les ordres desquels ils étaient placés, nous donnèrent des renseignements qui confirmèrent les faits que nous avions recueillis nous-même. Depuis cette époque il nous est souvent arrivé de faire les mêmes remarques, et les nombreux renseignements qui nous ont été fournis par les Arabes sont d'accord avec nos observations personnelles.

Expériences.

En janvier, février et une partie de mars 1853, nous avons renfermé dans une écurie fermant à clef une chamelle et un jeune dromadaire ; nous les avons nourris nous-même, pendant soixante-quinze jours, exclusivement avec du vert coupé dans les prairies du haras ; au bout de l'expérience, ils étaient mieux portants qu'au commencement, quoiqu'ils n'eussent pas bu une seule goutte d'eau. Trois fois nous leur en avons fait présenter, trois fois ils ne voulurent point en boire. Ces dromadaires étaient promenés tous les jours, sous la conduite d'un homme qui veillait soigneusement à ce qu'ils ne pussent pas se rendre aux abreuvoirs. Un mois après, nous avons répété la même expérience sur un dromadaire et sur une chamelle, et nous avons obtenu les mêmes résultats. Il en a été de même au mois de mars 1854, sur un chameau et sur une naya ;

En hiver.

2° En hiver, les dromadaires boivent tous les cinq à six jours, en se nourrissant avec des plantes sèches et en broutant quelques herbes vertes ;

En automne.

3° En automne, ils boivent tous les quatre ou cinq jours. Dans cette saison, ils mangent à peu près autant de plantes vertes que de plantes sèches ;

En été.

4° En été, ils boivent tous les deux ou trois jours. Nous savons que dans cette saison ils ne mangent des plantes vertes que très-rarement.

Ce qui précède revient à dire que la quantité de boissons nécessaire au dromadaire varie suivant les saisons, et que le temps qu'il peut rester sans boire est en raison directe de la quantité d'eau de végétation que contiennent les plantes dont il se nourrit. Ainsi, avec une nourriture verte, il peut se passer d'eau indéfiniment ; avec une nourriture sèche et sous une température élevée, il ne supporte la soif que pendant deux ou trois jours au plus ; et plus sa nourriture se rapproche du régime vert ou sec, plus ou moins longtemps il peut rester sans boire.

472. 7° *Au bout de combien de temps l'abstinence de boissons produit-elle la mort ?* Il est bien entendu que tout ce que nous venons de dire, que les chiffres que nous venons de donner, se rapportent à l'état physiologique, et non-seulement à l'état de santé, mais encore à celui où l'abstinence est compatible avec le travail.

Quant à l'extrême limite de l'abstinence, c'est-à-dire celle où il mourrait de soif, nous ne pouvons l'indiquer, car nous ne possédons aucun fait pratique. Nous dirons seulement que deux des animaux que nous avons sacrifiés, étant restés onze jours sans boire, avaient considérablement maigri et n'auraient pu faire un service pénible ; cependant leur santé ne paraissait pas altérée. (Cette expérience a été faite en avril et en mai 1853, et en mars 1854, sous une température moyenne de 19°.)

Ce qui a porté Buffon et plusieurs autres auteurs à pousser si loin la sobriété du dromadaire, dans toutes les circonstances, c'est sans doute la croyance qu'on avait, à l'époque où vivait cet auteur, que le Sahara est un pays où règne partout la solitude, qu'on n'y rencontre de l'eau qu'à des distances très-éloignées, et que les caravanes restent des mois entiers sans en faire. De nos jours on ne pense plus ainsi. Grâce aux ouvrages si remarquables de M. Daumas, le Sahara est mieux connu, et nous savons qu'il est peuplé d'oasis ; qu'on y rencontre de l'eau, sinon tous les jours, au moins tous les deux ou trois jours ; qu'à certaines époques on y trouve une nourriture verte abondante. Nous savons aussi qu'il a ses routes, etc.

473. *8° Quelle est la quantité d'eau que boit le dromadaire ?* Les auteurs ont dit avec raison que le dromadaire boit beaucoup à la fois. Ceux qui n'ont pas bu depuis quelques jours ingurgitent jusqu'à soixante-cinq et même soixante-dix litres d'eau. Ils boivent avec une gloutonnerie telle, que quelques minutes leur suffisent pour avaler les quantités précitées. Le dromadaire qui a servi à nos études a avalé soixante-dix litres d'eau en six minutes. Les animaux qui boivent régulièrement tous les deux jours n'ont pas besoin, bien entendu, d'une aussi grande quantité d'eau ; trente ou trente-cinq litres leur suffisent, mais toujours ils boivent avidement. Cette gloutonnerie du dromadaire est proverbiale chez les Arabes, et le Prophète a dit, versets 54 et 55, chapitre 54 :

Ensuite vous boirez de l'eau bouillante,
Comme boit un chameau altéré de soif.

Nous ne ferons plus qu'une observation, à savoir : que le dromadaire de bât du Sahara boit moins que celui du Tell, et que le mahari boit moins que le dromadaire du Sahara.

474. *Abstinence des solides.* Pour ce qui est de la facilité avec laquelle le dromadaire supporte la faim, les auteurs l'ont aussi poussée trop loin, et ne se sont point renfermés strictement dans les limites du vrai. S'il est exact de dire que le dromadaire est le plus sobre des animaux domestiques, qu'il n'a besoin que de peu d'aliments pour vivre, il n'est pas vrai de dire qu'il peut rester très-longtemps sans manger, comme l'ont avancé certaines personnes, d'après des renseignements exagérés. Tous les Arabes que nous avons consultés sur cette question nous ont répondu que le dromadaire du Tell peut rester deux jours sans manger, et qu'il fait par jour de dix à douze lieues en portant de 330 à 350 kilog.; qu'au delà de ce poids, il tombe malade et refuse de marcher. Les chameliers du sud disent que leurs dromadaires peuvent rester trois jours sans prendre de nourriture, qu'ils font chaque jour de onze à douze lieues, quelquefois même quinze, dans les sables. Nous avons dit ailleurs que les caravanes qui sillonnent le désert nourrissent leurs chameaux avec des fèves, des dattes, de la farine d'orge, ou avec les plantes que les animaux mangent en marchant ou qu'ils trouvent le soir au bivouac. Les chameliers qui ne donnent ni orge, ni fèves, ne tardent pas à voir maigrir ces animaux, qui bientôt deviennent indisponibles et condamnent la caravane à un repos de plusieurs mois.

Gloutonnerie du dromadaire.

475. Tout sobre qu'il est d'habitude, le dromadaire n'est pas moins capable d'engloutir d'immenses quantités de nourriture quand il en trouve l'occasion, et il le fait avec une rapidité étonnante. Les quatre sujets que nous avons nourris avec du vert dévoraient jusqu'à

150 kilog. de cette nourriture par jour. Ils consommaient proportionnellement moins de nourriture sèche ; ils en mangeaient facilement 10 kilog. par jour, mais 6 kilog. pouvaient leur suffire. Les Arabes disent que la ration d'un dromadaire doit être égale à celle de trois chevaux.

Sous tous les rapports, les mahara sont plus sobres que les dromadaires de bât.

DE LA BOSSE.

Nous avons fait connaître la situation et l'organisation anatomique de la bosse ; il nous reste à parler de ses usages et des causes présumées de son origine.

Origine de la bosse d'après Buffon.

476. Buffon présume que la bosse n'a d'autre origine que la compression des fardeaux qui, portant inégalement sur certains points du dos, auront fait élever la chair et boursouffler la graisse et la peau ; car ces bosses ne sont point osseuses ; elles sont composées seulement d'une substance charnue et grasse, de même consistance à peu près que celle des tétines de la vache. Ainsi, les callosités et la bosse seront également regardées comme des difformités produites par la continuité du travail et le contact des corps, et ces difformités, qui n'ont été d'abord qu'accidentelles et individuelles, sont devenues générales et permanentes dans l'espèce.

Nous ne saurions partager l'opinion de notre grand naturaliste sur ce point de physiologie. La bosse du dromadaire est inhérente et particulière à son organisation ; elle a dû toujours en faire partie, car les animaux qui vivent à l'état sauvage, et dont le dos n'a pas encore porté de lourds et pesants fardeaux, la présentent tout aussi bien que ceux qui sont soumis à la domesticité. Les peintures, les sculptures, les médailles, les écrits les plus anciens, ne nous représentent-ils pas le dromadaire avec une bosse tout aussi forte que celle qu'il porte de nos jours ? Et, du reste, si la pression devait suffire à produire une telle conformation anatomique, tout porte à croire qu'on la rencontrerait chez tous les animaux qui, de temps immémorial, ont été employés à porter de lourds fardeaux. Or, comme rien de semblable ne s'observe chez ces derniers, nous les considérons comme ayant toujours fait partie de la conformation du dromadaire. Nous ajouterons que la pression de la charge est loin d'être aussi forte qu'on le croit, car le bât du chameau est fait de manière à garantir la bosse de la pression, et que si, par hasard, celle-ci dépasse certaines limites, l'animal ne tarde pas à être blessé. Un fait d'observation pathologique qui démontre que la pression est plus nuisible qu'utile, c'est que si l'on a l'imprudence de frapper cet organe, de le comprimer, son tissu propre devient le siége d'une dégénérescence morbide qui met le dromadaire hors de service.

Nous ne pouvons non plus admettre que les callosités et la bosse soient de même nature : l'examen anatomique de ces deux organes démontre que les callosités sont le résultat de la dégénérescence cornée de la peau, tandis que la bosse est formée par un tissu d'une nature toute particulière et sans analogie dans l'économie animale.

La bosse est parfaitement dessinée lorsque l'animal vient au monde (1). Dans l'âge adulte, son volume est en rapport avec son degré d'embonpoint. Chez les sujets très-vieux, chez ceux que la fatigue, les privations ont beaucoup amaigris, la bosse diminue un peu de volume, mais pas autant qu'on l'a dit et qu'on le croyait quand on considérait cet organe comme un grenier d'abondance. La bosse des mahara n'est pas aussi forte que celle des chameaux de bât, et, dans toutes les races, la bosse de la femelle est moins volumineuse que celle du mâle.

Ses usages.

477. Quels sont les usages de la bosse? La nature, en

---

(1) Sur un fœtus de moins de deux mois, on voit déjà toute formée une légère convexité dans le point où, plus tard, la bosse existera.

dotant le dromadaire de sa gibbosité dorsale, n'a pas eu en vue de lui donner un aliment en réserve dont il fait usage dans les temps de disette et de privations, car elle n'est pas de nature adipeuse. Nous reconnaissons que la bosse, dans un moment donné, peut bien venir en aide à la nutrition, mais ses secours sont loin d'être aussi grands qu'on le pense généralement, et, à notre avis, on commettrait une erreur grave, si l'on admettait que le tissu de cet organe joue chez le dromadaire un rôle aussi grand que le tissu adipeux chez les animaux hibernants; car le tissu de la bosse du dromadaire ne ressemble en rien à ces couches adipeuses que la nature accumule sur certaines régions des animaux hibernants, et qui leur servent de nourriture pendant leur sommeil léthargique. Et puis, quelle différence entre les mœurs, les habitudes des dromadaires et celles des animaux hibernants ?

CHAPITRE VI.

Fonctions des sécrétions.

Nous nous bornerons à faire connaître les différences physiologiques que présentent les principales sécrétions.

A. *Sécrétion de la peau.*

478. La peau du dromadaire, pauvre en réseau vasculaire sous-jacent et en vaisseaux exhalants, sécrète peu. Par les chaleurs les plus fortes de l'été, après une course rapide et de longue durée, ou sous le poids d'un lourd fardeau, le dromadaire est rarement couvert de sueur. Les facultés absorbantes de l'enveloppe externe du dromadaire sont peu prononcées, aussi c'est à cette cause qu'il faut attribuer le peu d'action que certains médicaments irritants produisent sur eux. N'est-ce pas aussi à ces particularités qu'est due la maladie qui atteint chaque année le dromadaire, et qui est connue de tout le monde sous le nom de gale ?

B. *Sécrétion salivaire.*

479. Quand on connaît les habitudes du dromadaire, les plantes dont il fait sa nourriture ordinaire, on n'est pas étonné de trouver chez lui des glandes salivaires très-développées et, par conséquent, une sécrétion abondante de salive. Les parotides offrent un volume moins considérable que chez le bœuf et le cheval, et leur sécrétion est moins abondante. La glande sous-linguale est aussi développée que chez ces deux dernières espèces. La glande maxillaire, au contraire, est volumineuse ; elle est pourvue d'un fort canal et elle sécrète un liquide abondant. La glande zygomatique, particulière au dromadaire, donne aussi une sécrétion abondante.

Les circonstances physiologiques de cette conformation sont faciles à déduire, car on sait aujourd'hui que les fonctions de chacune de ces glandes sont spéciales. La salive parotidienne, aqueuse et non gluante, imbibe et dissout facilement les aliments ; la salive fournie par la glande sous-linguale, et peut-être aussi celle fournie par la glande zygomatique, au contraire, visqueuse et gluante, est merveilleusement appropriée pour envelopper le bol alimentaire, qu'elle rend plus adhérent et dont elle facilite le glissement. La salive sous-maxillaire, à cause de ses caractères mixtes, peut à la fois dissoudre, étendre ou affaiblir les substances solides en même temps qu'elle lubrifie la surface et diminue l'énergie du contact.

C. *Sécrétion du mucus buccal.*

480. La sécrétion du mucus buccal est très-copieuse, car la muqueuse qui tapisse la bouche est parsemée d'une quantité innombrable de houppes, de follicules muqueux, de glandules d'un volume sans égal dans les autres ruminants, et qui donnent une grande quantité de fluide ayant les mêmes propriétés que celui qui provient de la glande sublinguale.

D. *Sécrétion du mucus pharyngien.*

481. Des glandules, des cryptes, des follicules destinés à sécréter un mucus identique à celui de la bouche, existent aussi en très-grande quantité dans l'arrière-bouche et fournissent une sécrétion très-abondante. Aussi, les phénomènes physiologiques qui sont la conséquence de ce fluide sont-ils plus puissants et plus étendus chez les dromadaires que chez tout autre animal domestique.

E. *Sécrétion du mucus œsophagien.*

482. La face interne de la muqueuse de l'œsophage, douée d'une prodigieuse quantité de grosses glandules, sécrète en abondance un liquide visqueux qui facilite le glissement du bol alimentaire et contribue à produire les mêmes effets que le liquide qui est sécrété par la muqueuse du pharynx. La sécrétion du mucus œsophagien est particulière au dromadaire, car chez aucun autre animal domestique, nous ne trouvons des glandes dans cette muqueuse, qui est recouverte d'un épithélium a peu près insensible.

F. *Sécrétion de la muqueuse de l'estomac.*

483. L'abondance des glandes mucipares que nous avons observées dans les premières voies digestives n'est pas moins grande dans la muqueuse du premier estomac. Cependant, dans ce réservoir et surtout dans la partie réticulée, la nature ne s'est pas contentée d'augmenter considérablement l'étendue de la muqueuse, sans augmenter beaucoup le volume de l'organe, mais encore elle lui a donné une structure et une vitalité toutes différentes de celles de la panse du bœuf, et elle a porté le nombre de ses glandules muqueuses à un degré innombrable. La même remarque s'applique aussi aux trois autres estomacs. Aussi, les sécrétions de la muqueuse stomacale sont-elles infiniment plus grandes que dans les autres ruminants, et nous sommes convaincu que c'est à la présence de ces cryptes, à ceux des premières voies, et à la sécrétion qui en est le produit, qu'il faut attribuer la facilité admirable avec laquelle le dromadaire supporte la soif beaucoup plus longtemps que les autres animaux.

G. *Sécrétion des autres muqueuses.*

484. Les membranes muqueuses, autres que celles de l'appareil digestif, renferment peu de follicules et de glandules, et leurs sécrétions sont peu abondantes. Dans nos recherches anatomiques, nous avons constaté que la pituitaire, la muqueuse de la trachée et des bronches, celles du vagin, etc., n'en renferment qu'un très-petit nombre, et que ce caractère établit une différence des plus grandes entre l'appareil de la digestion et ceux des autres fonctions.

H. *Sécrétion biliaire.*

485. A en juger par le petit volume du foie, cette sécrétion doit être peu abondante, moins que chez le bœuf et que chez les autres herbivores. C'est en effet ce qui a lieu. Les Arabes pensent même que le foie ne sécrète pas de bile, mais cette opinion est fausse et n'a pas besoin d'être réfutée (1).

I. *Sécrétion du lait.*

486. Nous avons parlé de l'appareil sécréteur du lait, et nous avons consacré un chapitre à la description de ce liquide. Il est inutile d'y revenir ici.

J. *Sécrétion urinaire.*

487. Les reins du dromadaire fonctionnent considérablement et fournissent de grandes quantités d'urine, au moins pendant que l'animal se nourrit de plantes vertes. Les sujets que nous avons nourris pendant soixante-quinze jours avec du vert urinaient fréquemment et toujours copieusement, bien qu'ils n'eussent pas bu pendant tout ce temps.

L'émission des urines s'accomplit facilement ; elle peut se faire en marchant. Au repos, il suffit au dro-

---

(1) Elle doit être prise dans un sens métaphorique, car, quand ils disent que le dromadaire n'a pas de bile, ils veulent dire qu'il est sans rancune, sans haine ; de même qu'ils disent que le cheval est sans rate pour dire qu'il court longtemps.

madaire d'écarter légèrement les membres postérieurs et de contracter les parois abdominales. Chez le mâle, en raison de la conformation anatomique du pénis et du fourreau, ouvert en arrière par une petite ouverture ronde, les urines sont rejetées en arrière entre les cuisses, et le liquide sort par jets saccadés et continus. Chez la femelle, l'émission des urines se fait comme chez toutes les autres femelles domestiques.

Nous aurions vivement désiré connaître la composition chimique des urines du dromadaire, mais cette étude a été tout à fait hors de notre portée. Tout ce que nous avons pu constater, c'est son alcalinité.

CHAPITRE VII.

Fonctions de la reproduction.

Une grande partie de cette fonction ayant déjà été traitée, il ne sera question ici que du mécanisme de l'accouplement.

Opinion des auteurs.

488. Beaucoup de personnes, en Algérie, croient et soutiennent que le dromadaire s'accouple dos à dos. C'est une erreur qui a pris naissance dans le passage suivant, sorti de la plume de Pline, et sans doute aussi dans l'examen superficiel de l'ouverture du pénis lors du coït et de l'émission des urines en arrière.

Pline a écrit, livre 10, chap. 63 : « *Coïtus aversus elephantis, camelis, tigridibus, etc... quibus aversa genitalia.* » Solim, auteur ancien, a reproduit la même erreur. Aristote, au contraire, dans son histoire des animaux, a décrit l'accouplement tel qu'il s'accomplit, et voici la description qu'il en a donnée : « Lorsque les chameaux s'accouplent, la femelle est assise et le mâle la joint, non en tournant dos contre dos, mais en la serrant comme toutes les autres bêtes à quatre pieds.

Mécanisme.

489. Nous avons vu bien souvent des dromadaires s'accoupler, et toujours ils ont pris la même position que les autres animaux domestiques, avec cette différence, cependant, que la femelle s'accroupit comme quand on la charge. Lorsqu'elle est dans cette attitude, le mâle s'approche d'elle, l'étreint par le milieu du corps avec ses membres antérieurs, et fléchit les jarrets jusqu'à ce que son pénis soit en rapport avec les organes de la chamelle. Si l'on examine alors l'ouverture de son fourreau et la direction de son pénis, on voit qu'ils sont portés en avant comme dans tous les animaux domestiques, par suite des contractions du muscle ombilical.

Buffon regarde cette position comme l'influence de l'habitude que les Arabes donnent à leurs dromadaires lorsqu'ils veulent les charger. Sans nier complétement la part que l'habitude peut y prendre, nous pensons que cette position est la conséquence de la conformation naturelle du dromadaire et du peu d'harmonie qui existe entre son avant et son arrière-main. En effet, la partie antérieure du corps de cet animal présente un volume considérable, dont le poids est encore augmenté par la position de la tête, située à l'extrémité d'un long bras de levier, par contre, les parties postérieures sont supportées par une charpente grêle, et sont unies par un système musculaire doué de peu de force. Or, il résulte de là que le cabrer doit être très-difficile, et qu'il y a impossibilité physique et physiologique pour ces animaux de s'enlever et de rester assez longtemps sur les jarrets pour consommer l'acte de l'accouplement.

Peu d'animaux sont aussi lascifs que les dromadaires. Avant et pendant le coït, le mâle pousse des cris furieux, mord la femelle, jette par la bouche une salive écumeuse et blanchâtre, et en inonde la chamelle. Il est géniteur très-énergique, et il n'est pas rare de lui voir faire cinq ou six saillies dans une matinée.

Dans la première partie de ce mémoire, nous avons décrit les changements qui surviennent dans le caractère

des dromadaires à l'époque du rut : il est donc inutile
d'y revenir ici.

CHAPITRE VIII.

Des dents et de l'âge du dromadaire.

1° DES DENTS.

490. Les dents du dromadaire sont au nombre de
trente-quatre et quelquefois de trente-six, réparties ainsi
qu'il suit : mâchoire inférieure, incisives, six; canines,
deux ; molaires, dix ; canines supplémentaires, deux :
mâchoire supérieure , incisives, deux ; canines, deux ;
molaires, dix ; canines supplémentaires, 2.

Les canines supplémentaires de la mâchoire inférieure,
manquent plus souvent qu'elles n'existent.

A. *Incisives.*

Incisives inférieures.

491. Les incisives de la mâchoire inférieure peuvent
être distinguées, comme celles du cheval, en pinces,
mitoyennes et coins.

Elles décrivent un arc de cercle régulier à toutes les
époques de la vie, et elles sont implantées à peu près
comme dans le cheval.

Forme.

Par leur partie libre, comme par leur partie enchâssée, elles ont aussi plus de ressemblance avec les dents
des solipèdes qu'avec celles des grands ruminants.

Partie libre.

La partie libre de la dent est implantée d'avant en
arrière ; sa face externe est arrondie, convexe; tantôt
libre, tantôt, et c'est le plus souvent, elle présente un
ou deux sillons verticaux. Sa face interne, arrondie
dans les pinces, devient concave dans les coins. Son
bord supérieur est arrondi et légèrement convexe ; son

bord latéral interne est beaucoup plus épais que l'autre, généralement mince et tranchant dans les coins.

Partie enchâssée.

La partie enchâssée de la dent, à peu de chose près, présente les mêmes formes que dans le cheval, et on peut aussi, par des coupes pratiquées sur différents points, y reconnaître les formes arrondie, triangulaire et biangulaire ; mais ces formes sont moins bien tranchées que dans le cheval. La racine de la dent présente intérieurement une cavité dans laquelle on peut loger une épingle. Cette cavité persiste toujours, se montre sur la table dentaire et sert à la reconnaissance de l'âge.

Longueur.

La longueur des incisives est de vingt-huit à trente lignes, dont huit ou dix pour la partie libre.

Ces dents présentent entre elles les mêmes différences que chez le cheval.

Structure.

Les incisives inférieures se composent de deux substances : l'émail recouvrant la partie libre de la dent, et l'ivoire occupant l'intérieur de cette partie et composant à lui seul toute la racine.

La composition chimique de ces deux substances nous paraît être semblable à celle des dents de tous les autres animaux.

Incisives caduques.

Les incisives caduques du dromadaire sont faciles à reconnaître des persistantes dont nous venons de parler, et les caractères qui les distinguent sont ceux qu'on observe chez les autres animaux, et surtout chez le cheval ; il est donc inutile de les indiquer ici.

Incisives supérieures.

Les incisives supérieures sont situées sur les parties latérales, et à une petite distance des canines ; elles ont une ressemblance parfaite avec les crochets du cheval, mais elles sont plus petites.

Les incisives caduques sont beaucoup plus petites que

les persistantes ; elles n'ont pas non plus la même forme.

B. *Canines* (1).

492. Les crochets du dromadaire ne diffèrent de ceux du cheval que par leur volume trois fois plus considérable. Leur partie enchâssée est creuse intérieurement, mais la cavité est peu considérable. Elles sont implantées à une petite distance des incisives. On distingue des crochets de lait et des crochets d'adulte.

C. *Canines supplémentaires.*

493. Les crochets supplémentaires, surtout ceux de la mâchoire supérieure, ne diffèrent en rien des canines du cheval. Ils sont situés un peu plus près des crochets que des molaires, et ils ne sont pas de nature caduque.

D. *Molaires.*

494. Nous ne signalerons qu'une seule particularité, à savoir, que les trois premières molaires sont beaucoup moins fortes, beaucoup moins développées que dans les autres animaux ; et que les deux dernières molaires ont un volume et une force plus grands que dans tout autre ruminant.

2° DE L'AGE.

495. Chez les dromadaires, de même que chez les autres animaux, les incisives servent à la connaissance de l'âge.

Les Arabes ont des notions sur l'âge du dromadaire jusqu'à sept ou huit ans, c'est-à-dire jusqu'à la sortie du coin d'adulte. Passé cette période, ils ne distinguent plus rien, et ils ne jugent de l'âge de cet animal que sur la longueur et la brièveté de ses dents, par son aspect extérieur, etc. On peut cependant, avec l'expérience et l'habitude, avec les connaissances anatomiques que nous avons indiquées plus haut, et non la connaissance des

---

(1) Les Arabes appellent *niban* les crochets du dromadaire. Le même nom sert aussi à désigner les défenses du sanglier.

16.

lois qui, chez le cheval, président au rasement et à l'issue des dents, etc., on peut, disons-nous, reculer considérablement les limites de la connaissance de l'âge, et même le reconnaître d'une manière assez juste, jusqu'aux dernières années de la vie de cet animal.

Les études que nous avons été obligé de faire pour agrandir le cercle des connaissances acquises sur cette partie de notre travail nous ont demandé beaucoup de temps et de patience ; car les Arabes, non-seulement ne connaissent pas au juste l'âge de leurs animaux, mais même le leur. Pour dire qu'un animal a tel âge, ils ne disent pas qu'il est né en telle ou telle année, mais qu'il est né lors de tel ou tel événement marquant dans la tribu, comme la soumission, le rasement d'un village, le passage d'un chef, etc. Bref, voici le résultat et le résumé de nos recherches ; elles ont été faites sur des sujets de tous les âges, depuis le jour même de la naissance jusqu'à vingt ans, et en présence de trois chameliers du Sud jouissant d'une grande réputation de connaisseurs sur la question des chameaux.

Disons d'abord qu'il existe entre l'âge du dromadaire et celui du cheval une grande analogie, et cela doit être, eu égard à la ressemblance anatomique que présentent les dents de ces deux animaux.

Éruption des caduques. Le jeune dromadaire vient au monde sans dents incisives. Il porte, chez les Arabes, le nom d'*haouar*.

Les pinces sortent du trentième au cinquantième jour ;

Les mitoyennes, du quatrième au cinquième mois ;

Les coins, du huitième au douzième mois.

Les incisives supérieures ne paraissent que du trentième au trente-sixième mois.

Les crochets de la mâchoire inférieure apparaissent du treizième au quinzième mois.

Les crochets de la mâchoire supérieure se montrent du vingtième au vingt-quatrième mois.

Rasement des caduques. Il varie suivant les contrées, le genre de nourriture, etc. ; mais en général on peut dire :

Que les pinces sont rasées à quinze ou dix-huit mois.

Les mitoyennes à vingt-quatre ou trente mois ;

Les coins à trente-six ou quarante mois.

En résumé, depuis la naissance jusqu'à cinq ans, c'est-à-dire jusqu'à l'apparition des pinces d'adulte, la bouche présente les modifications suivantes :

A la naissance, pas de dents ;

A cinq mois, quatre incisives inférieures et huit molaires à chaque mâchoire ; total, vingt dents ;

A douze mois, six incisives inférieures, deux crochets inférieurs, vingt molaires ; total, vingt-huit dents.

Rasement des pinces inférieures. A un an, le dromadaire est appelé *ouled-achar* par les Arabes.

A deux ans, la bouche du dromadaire est pourvue des crochets supérieurs. Les pinces et les mitoyennes sont rasées. L'animal est appelé *ouled-el-bousse.*

A trois ans le dromadaire s'appelle *log*, et sa bouche de lait est faite, disent les Arabes. Les coins commencent à raser, les incisives supérieures apparaissent.

A quatre ans, le dromadaire porte le nom d'*el-dje-dah.* A cette époque, les dents caduques commencent a diminuer de volume et à changer de forme. Les pinces se brisent ou se déchaussent et tombent.

Eruption des remplaçantes. Les pinces de la mâchoire inférieure apparaissent à cinq ans. Il en est de même des crochets inférieurs.

Les mitoyennes font leur éruption à six ans. Les crochets de lait de la mâchoire supérieure sont remplacés à six ans.

Les coins commencent à sortir à sept ans.

Les incisives supérieures sont remplacées de cinq à six ans.

Les canines supplémentaires apparaissent de six à sept ans.

Ainsi, de cinq à huit ans, l'âge du dromadaire est reconnu à des caractères très-faciles à apprécier, et l'animal prend un nom particulier chaque année.

A cinq ans, éruption des pinces et des crochets de la mâchoire supérieure ; le dromadaire est appelé *el-tsni.*

A six ans, éruption des mitoyennes inférieures, des pinces et des crochets supérieurs; le dromadaire devient *rbauh*.

A sept ans, éruption des coins et des canines supplémentaires. On l'appelle *seddasi*.

A huit ans, le dromadaire a toutes ses dents d'adulte (1). On l'appelle *gueuah*, et sa bouche présente les caractères suivants : le bord des coins est au niveau des mitoyennes, mais il n'est pas encore usé. Les pinces ont rasé; le bord des mitoyennes a subi un commencement d'usure, et on aperçoit la substance éburnée de la dent entre les deux couches d'ivoire. L'un des deux dromadaires que nous avons sacrifiés pour nos études anatomiques avait cet âge et cette conformation de la bouche.

Rasement des remplaçantes. Passé huit ans, il devient plus difficile de connaître l'âge du dromadaire, car on n'a pas alors de données aussi positives. Cependant, la forme des dents, leur rasement, etc., donnent des indices assez positifs, et avec un peu d'habitude on peut reculer les limites de la connaissance de l'âge.

De neuf à dix ans, les pinces sont rasées et leur table de frottement a une forme ovalaire. Les mitoyennes commencent à raser, et on aperçoit très-distinctement la couche d'ivoire entre l'émail qui l'encadre; le bord des coins commence à s'user.

De dix à onze ans, les mitoyennes offrent une table de frottement ovalaire, et le bord des coins est entamé. Les pinces supérieures et les crochets ont subi un commencement d'usure.

De onze à douze ans, la surface de frottement des pinces se rapproche de la forme arrondie. Elle est toujours ovalaire dans les mitoyennes et les coins.

De treize à quinze ans, les pinces et les mitoyennes

---

(1) Mâchoire inférieure : incisives, six ; canines, deux ; canines supplémentaires, deux ; molaires, dix.

Mâchoire supérieure : incisives, deux ; canines, deux ; canines supplémentaires, deux ; molaires, dix.

s'arrondissent. Au centre de la table des pinces, on voit une petite cavité noirâtre qui correspond à la cavité intérieure de la race dont nous avons parlé.

De seize à dix-huit ans, les pinces sont triangulaires, les mitoyennes et les coins ont une forme arrondie. Point noirâtre au centre des mitoyennes.

De dix-neuf à vingt ans, les pinces, les mitoyennes et les coins deviennent triangulaires. Le point noirâtre apparaît dans les coins.

De vingt à vingt-cinq ans, les dents deviennent triangulaires, perdent considérablement de leur volume et ne ressemblent qu'à des chicots. A cette époque de la vie, il est bien difficile de dire au juste l'âge de l'animal.

TROISIÈME PARTIE.

Pathologie et Thérapeutique.

Nous traiterons, dans cette troisième partie, des maladies dont le dromadaire est atteint, et de l'action spéciale, physiologique et thérapeutique des médicaments dont l'emploi est fréquent dans sa thérapeutique.

1° PATHOLOGIE.

Prédisposition aux maladies.

496. Malgré sa constitution robuste, malgré qu'il vive presque à l'état de nature, le dromadaire est sujet à plusieurs maladies qui, chaque année, font des ravages considérables et occasionnent des pertes énormes à leurs propriétaires. Ces maladies, à la vérité, n'agissent que très-rarement sur une vaste échelle; elles sont, presque toutes, la conséquence de l'oubli complet des règles de l'hygiène dans lequel vivent ces animaux. Nous allons décrire les principales, et faire connaître le genre de médication employé par les Arabes, et celui qu'il convient le mieux de leur appliquer, en tenant compte des contrées et des circonstances au milieu desquelles vivent les dromadaires.

Mais, avant d'entrer en matière, nous devons nous hâter de dire que nous suivrons, dans cette troisième partie, la même marche que pour l'anatomie et la physiologie, c'est-à-dire que nous nous bornerons à indiquer les caractères particuliers de chaque maladie, et à faire connaître leur traitement spécial, si toutefois il y a lieu d'en employer un.

Connaissances des Arabes en pathologie et en thérapeutique.

497. Chez les Arabes, la médecine du dromadaire est beaucoup plus en arrière que celle du cheval. Leurs connaissances en pathologie ne s'étendent pas au delà du nom et des symptômes les plus saillants de six ou huit maladies. Leur thérapeutique est presque nulle. Quand un dromadaire tombe malade, ou bien l'Arabe le sacrifie comme bête de boucherie, ou bien il l'abandonne complétement aux soins de la nature. Si parfois il le traite, la médication consiste dans l'emploi de quelques médicaments, goudron, feu, ail, beurre, employés presque toujours sans discernement. Le charlatanisme, les pratiques superstitieuses, sont plus souvent mises en pratique pour guérir les maladies du dromadaire, que les médicaments. Ainsi, dans presque toute l'Algérie, on croit plus à l'efficacité d'une prière, à la lecture d'un verset du Coran, qu'à l'action des remèdes. Des nègres du royaume d'Haoussa nous ont dit très-sérieusement qu'un homme qui a mille chameaux, pour les préserver du mauvais œil, doit éborgner le plus vieux du troupeau, et le faire aveugle si le nombre s'accroît ; que, pour guérir un chameau de la gale, il faut mettre le feu aux jambes d'un chameau sain ; que, si le troupeau refuse de boire, le chamelier doit s'en prendre aux mâles, et les frapper à coups de bâton sur le dos pour en chasser les *djinns* (les démons) qui, pensent-ils, chevauchent les femelles et leur font frayeur. Nous ne pousserons pas plus loin l'énumération de ces pratiques aussi absurdes qu'inutiles.

Dans cet exposé des maladies du dromadaire, nous nous bornerons à faire connaître celles que nous avons vues nous-même, ou qui nous ont été signalées par les médecins de ces animaux ; et nous en donnerons la description, sans attacher une grande importance à l'ordre d'après lequel nous les exposerons.

1° GALE.

Nature.

498. Tout le monde sait que le chameau est fréquemment atteint d'une maladie de la peau qu'on appelle la gale. Cette maladie est bien véritablement une affection psorique, car elle est caractérisée par la présence de petites vésicules s'élevant à peine au-dessus de la peau, très-difficiles à distinguer au milieu des poils et s'accompagnant d'un prurit violent.

Époques ou elle se déclare.

499. La gale se déclare à toutes les époques de l'année, mais surtout au printemps, et elle est si commune dans cette saison, que presque tous les animaux en sont atteints, et que les Arabes, depuis un temps immémorial, croient devoir prendre des précautions pour en prévenir le développement.

Régions où elle se montre.

500. Elle se manifeste d'abord aux flancs, aux parois abdominales, puis elle gagne le tronc, l'encolure, la queue, etc. Les chameliers connaissent sa présence au prurit, au hérissement des poils, à l'action de se rouler, à la tristesse, à la diminution de l'appétit. Cette maladie parcourt rapidement toutes les phases de son développement, et, au bout de quelques jours, au lieu de vésicules, on ne trouve plus qu'une couche d'écailles provenant du liquide vésiculeux desséché.

Gravité.

501. Quand elle est bornée à quelques points du corps, ou qu'elle est combattue dès le début, la gale n'est pas une maladie très-dangereuse ; mais, si on lui laisse suivre sa marche, elle occasionne de la maigreur, produit des altérations profondes de la peau, la chute presque complète des poils, des abcès sous-cutanés, etc... En même temps que ces lésions se passent extérieurement, il s'élabore dans la profondeur de l'organisme des lésions métastatiques, et la mort peut être la terminaison de cette maladie. Il est vrai de dire que la gale ne se termine ainsi que dans la mauvaise saison, et lorsqu'à ses propres effets viennent se joindre ceux qui sont la conséquence du froid, de la pluie, de l'humidité, de la misère, etc., ou bien lorsqu'elle n'est pas traitée.

Contagion du dromadaire au dromadaire.

502. La gale du dromadaire au dromadaire est regardée comme contagieuse par les Arabes, et nous possédons des faits qui sont tout à fait en faveur de cette opinion. Lorsqu'un animal infecté s'introduit dans un troupeau sain, quinze ou vingt jours après, on voit des cas de gale se produire, et bientôt tout le troupeau finit par en être infecté. Bien que nous n'ayons pu découvrir d'acarus sur les dromadaires galeux que nous avons examinés, nous sommes porté à attribuer la contagion à cet animal, car sa présence a été constatée par des hommes dignes de toute confiance.

Contagion du dromadaire à l'homme.

503. Le gale est-elle transmissible du dromadaire à l'homme? Le fait, observé au mois de janvier 1827, sur plusieurs employés du Muséum d'histoire naturelle, qui avaient contracté la gale en soignant des chameaux gravement infectés à leur arrivée d'Afrique, résout la question d'une manière affirmative, et l'opinion des chameliers, des savants Arabes, est tout à fait conforme à ce fait. Les hommes qui vivent constamment au milieu des dromadaires, et qui les enduisent de goudron plusieurs fois dans l'année, prennent des précautions pour se préserver de la contagion de cette maladie (1). Cependant, depuis douze ans que nous sommes en Algérie, nous n'avons jamais entendu dire qu'un Français ait contracté la gale en soignant des chameaux galeux, et, dans aucun des rapports publiés lorsque la question des dromadaires était à l'étude en Afrique, il n'a été fait mention de la contagion de l'animal à l'homme, que nous sachions, du moins.

Causes.

504. Après la contagion, la malpropreté et la misère

---

(1) M. le commandant Niqueux nous a communiqué la note suivante qui prouve la contagion : « J'ai fait goudronner deux chameaux à El Jari, le chamelier voulut s'entourer la main d'un grand gant en peau de mouton pour éviter la contagion de la gale.

sont les causes les plus grandes de la gale. Les Arabes cherchent à en diminuer les effets en changeant souvent de bivouac, et en leur donnant un campement nouveau tous les deux ou trois jours.

Mais, en outre de ces causes, qui sont occasionnelles, il doit en exister une autre, de nature prédisposante, et qui tient sans doute à l'organisation particulière du dromadaire. En effet, en voyant le grand nombre de ces animaux qui, tous les ans, sont atteints de la gale, en le comparant avec celui des autres espèces domestiques placées dans des conditions identiques, on ne peut nier qu'il doit exister chez le dromadaire quelque chose de particulier qui le prédispose à cette maladie. Est-ce la nature de sa peau, ou celle de ses humeurs, ou bien la nourriture qu'il prend? C'est ce que nous ne saurions affirmer. Cependant, nous croyons que le peu de vasculosité de la peau et l'épaisseur de son derme doivent jouer un grand rôle dans cette circonstance.

Mesure de police sanitaire.

505. Les mesures de police sanitaire, isolement, séquestration, etc., prescrits par nos règlements contre les animaux atteints de maladies contagieuses, devraient être mis en pratique contre la gale du dromadaire, car elles produiraient les effets les plus salutaires. Mais, allez donc dire à un Bedouin d'isoler son dromadaire galeux, de le tenir séquestré pendant quinze ou vingt jours seulement, de le surveiller avec la plus grande attention, pour éviter toute communication! Ces mesures seraient d'une application plus facile chez les Européens, s'ils possédaient des dromadaires. Si le problème d'utiliser les dromadaires pour les différents services militaires se trouve un jour résolu d'une manière avantageuse, on pourra alors mettre en vigueur les règlements et les prescriptions que la police sanitaire prescrit en pareil cas.

506. *Traitement.* De temps immémorial, le goudron a été considéré comme une panacée contre la gale, et a été employé à l'exclusion de tout autre médicament. Le

Prophète lui-même, en chamelier expérimenté, en a prescrit l'usage, et a dit :

« La gale des chameaux, son remède est le goudron. »

« El djereb, dona el guetran. »

Age où commence le goudronnage.

Lorsque le dromadaire est arrivé à l'âge de deux ans, l'Arabe a l'habitude de le frictionner avec du goudron, trois fois par an, pour le préserver de la gale. Cette opération se fait après la tonte des poils, et elle rend le dromadaire indisponible pendant une quinzaine de jours. Lorsque le dromadaire est galeux, que la maladie soit générale ou partielle, on le frictionne sur les points affectés, et même sur ceux qui ne le sont pas.

Soins que demande le goudronnage.

Le goudronnage du dromadaire, sain ou malade, n'est pas une opération aussi facile à faire, aussi inoffensive qu'on est tenté de le penser d'abord. Elle demande une certaine habitude et du goudron de bonne qualité.

Préparation du goudron.

Du temps des Turcs et d'Abd-el-Kader, il y avait des Arabes exclusivement employés à préparer le goudron destiné à guérir la gale du dromadaire du Beylik. Ils se servaient, pour la fabrication de ce médicament, de deux essences d'arbres connus des Arabes sous le nom de *Arar* (1). Aujourd'hui, la fabrication du goudron est faite par les indigènes sur le campement desquels croissent ces deux arbres. Le goudron qu'on retire du pin ne vaut pas le précédent, au dire des Arabes.

On goudronne les dromadaires trois fois par an.

Le goudronnage du dromadaire se fait trois fois par an : au mois de mars, au mois de juin et au mois de septembre. Il se pratique sur toute la surface du corps,

---

(1) Les Arabes confondent sous cette dénomination le *juniperus phœnicea* et le *thuya articulata* (le génévrier de Phénicie et le thuya).

sans en excepter même le dessus du pied. Tous les animaux y sont soumis, excepté, cependant, les chamelles nourrices, l'expérience ayant appris que l'application du goudron donne lieu presque toujours à la suppression du lait, et souvent à une répercussion dangereuse. Les animaux sont goudronnés étant debout, et, pour les empêcher de mordre, on leur applique la tête et l'encolure sur le côté du corps, et on les maintient dans cette position à l'aide d'un bridon et d'une longe dont l'extrémité libre est attachée à la queue. Ceux qui sont par trop méchants sont abattus et sont couchés sur le côté.

Soins qu'exige le goudronnage.

Le goudronnage doit être fait par des hommes ayant l'habitude de cette opération. Il demande une grande attention, car, s'il est trop fort, il détermine sur la peau une inflammation qui suspend les fonctions de cet organe et occasionne des troubles organiques très-grands ; la mort peut même en être la conséquence. Chaque année, les Arabes, quoique experts dans la pratique de cette opération, perdent des dromadaires par suite du goudronnage trop fort, et M. le général Carbuccia (1) rapporte que sur un troupeau de deux cents têtes, il en périt une grande partie, parce que les Arabes s'étaient servis de mauvais goudron et l'avaient employé à trop fortes doses.

Le goudron doit être mélangé avec de l'eau.

Le goudron ne doit pas être employé pur, l'expérience ayant appris que, dans cet état, il est trop fort et qu'il donne lieu à des accidents graves. C'est pour avoir méconnu ce fait que, dans les expériences de 1843 et de 1844, on perdit un grand nombre de dromadaires. Les Arabes le mélangent avec de l'eau dans la proportion de deux parties de goudron sur une d'eau. Ils font tiédir le tout, et lorsque le goudron est bien mêlé à l'eau, ils commencent la friction.

) *Du Dromadaire*, etc.

Quantité de goudron.

La quantité de goudron qu'on emploie tous les ans pour le traitement de la gale est considérable. L'auteur précité dit qu'il en faut quarante litres par tête de dromadaire. Les Arabes nous ont dit que deux peaux de bouc suffisent pour trois animaux, et ils évaluent à cinq francs la valeur de ce qui est nécessaire (1).

Emploi de l'onguent sulfureux.

M. le général Carbuccia a fait usage de l'onguent sulfureux contre la gale du dromadaire, et il en a obtenu un bon résultat.

Emploi du mélange Prélat.

Nous croyons que ce médicament et le goudron lui-même pourraient être avantageusement remplacés par le mélange Prélat. Ce remède, dans lequel le goudron joue le principal rôle, a sur lui le grand avantage d'être moins actif, altère moins les fonctions de la peau, et nous pensons que son emploi ne serait pas suivi des effets fâcheux qu'on reproche au goudron. Nous ajouterons qu'il est d'un emploi plus facile, et que l'odeur qu'il répand est moins désagréable. Nous ne l'avons essayé que sur deux animaux; il nous a bien réussi. Nous prions nos collègues qui sont en mesure de l'expérimenter de vouloir bien le faire.

PHLEGMONS.—PLAIES.

Siége.

507. Le dromadaire est souvent atteint de phlegmons et de plaies dans les endroits où portent la selle, le bât, les fardeaux, où passent les cordes qui servent à les fixer.

---

(1) Les peuples d'Asie goudronnent aussi souvent leurs dromadaires que ceux d'Afrique. Je n'ai pas vu en Syrie, en Mésopotamie, en Caramanie un seul dromadaire complétement goudronné; quelques-uns avaient du goudron aux jambes, ou aux parotides, ou au cou, mais aucun n'était complétement goudronné, et pourtant la gale n'est pas plus commune en Asie qu'en Afrique. Ce qui tendrait à prouver que le goudronnage n'est pas aussi utile qu'on l'a dit.

Symptômes.

508. Ces maladies ne présentent aucun symptôme particulier, et leur importance varie nécessairement en raison de leur gravité et de leur siége.

Gravité.

509. Les phlegmons et les plaies du dos et des côtes sont parfois très-graves et mettent les animaux hors de service pour longtemps. Nous en avons vu qui avaient amené la carie et la fracture des côtes. La chamelle que nous avons sacrifiée avait eu deux côtes fracturées dans leur milieu, et les deux bouts s'étaient réunis en formant un cal très-volumineux.

Les cordes en alfa qui fixent le bât, la selle ou la charge sur le dos de l'animal occasionnent souvent des solutions de continuité en avant du fourreau, et rendent les dromadaires indisponibles pour plusieurs jours.

Traitement.

510. Les Arabes cherchent rarement à combattre les phlegmons ; quelquefois, cependant, ils appliquent des corps gras, le beurre surtout.

Ils abandonnent les plaies légères à la nature, ils traitent celles qui ont une certaine gravité par le miel et par le goudron, ou bien par la cautérisation actuelle. Dans tous les cas, les malades restent dans les pâturages, et la nature fait les frais de leur guérison.

Les phlegmons et les plaies du dromadaire ne demandent pas un traitement particulier. Celui qu'on emploie dans la médecine des autres animaux leur convient et réussit tout aussi bien. Nous ne ferons ici qu'une seule recommandation, c'est d'avoir très-souvent recours au goudron, qui a le triple avantage d'agir comme tonique, d'abriter la plaie du contact de l'air et d'en éloigner les mouches. C'est surtout à l'époque du debabe qu'il faut avoir recours à ce médicament.

EL MAGOUB.

La corde qui sert de sangle et qui passe en avant du

fourreau, occasionne assez souvent, dans cette région, un phlegmon qui domine le calibre de l'ouverture prépuciale, déjà si étroite dans l'état de santé, et qui s'oppose à la sortie des urines. De là les coliques occasionnées par la stagnation de l'urine dans la vessie. Les Arabes appellent cette maladie *el magoub*, et, pour la guérir, ils débrident l'ouverture du prépuce avec un couteau. Cette opération, en donnant écoulement aux urines, guérit la maladie.

MALADIES DE LA BOSSE.

Nous avons observé dans cet organe trois maladies différentes : les phlegmons, les plaies, la dégénérescence cancéreuse du tissu propre.

Plaies et phlegmons.

Siége.

511. La position et la forme de la bosse l'exposent à être très-souvent le siége de plaies et de contusions produites par la selle, le bât ou la pression de la charge. Dans le but d'en diminuer le nombre et la gravité, les Arabes ont construit le harnachement du dromadaire de manière à protéger la bosse, et à exercer sa pression sur les parties latérales ; mais, comme les bâts et les selles sont souvent ou trop grands ou trop petits, en mauvais état, le but n'est jamais rempli qu'à moitié.

Gravité.

512. Les plaies et les contusions de la bosse sont les plus graves de toutes, et cela tient à la composition anatomique de cette région. Elles condamnent invariablement l'animal à l'indisponibilité ; et, si elles ne sont pas traitées dès le début, elles s'accompagnent souvent de carie, de fusées purulentes qui mettent le sujet hors de service pour toujours.

Traitement.

513. Dans les marches en caravane, les Arabes ne traitent pas les blessures de la bosse dès qu'elles sont un peu graves, parce qu'ils savent, par expérience, qu'elles sont d'une guérison longue et difficile. Ils sacrifient l'animal et en mangent la chair. Dans toute autre circonstance, ils se servent de corps gras, du feu, du goudron.

Les blessures de la bosse disparaissent assez bien par l'emploi des vésicatoires et des résolutifs. Les plaies doivent être traitées selon les indications ; mais, ce à quoi il faut s'attacher surtout, c'est d'éviter les clapiers, les fusées purulentes, la carie, qui ne tardent pas à se former, si l'on n'y porte remède dès le début. La cautérisation à l'aide du nitrate d'argent, du sulfate d'alumine et de potasse, du sulfate de fer, de la liqueur de Villatte, réussissent très-bien. Mais, quel que soit le médicament employé, il faut recouvrir la plaie de goudron après chaque pansement.

Dégénérescence cancéreuse.

Causes.

514. Les pressions sourdes exercées constamment sur la bosse, lors même qu'elles ne produisent pas de plaies à l'extérieur, font naître une dégénérescence cancéreuse du tissu propre de la bosse. Les coups de bâton, etc., produisent le même effet. Cette maladie, que rien n'annonce à l'extérieur, au moins dans le plus grand nombre de cas, est-elle bien fréquente ? Oui, si nous en jugeons par les faits qui nous sont personnels ; car nous l'avons trouvée sur les deux sujets que nous avons sacrifiés pour nos études anatomiques, en 1853, et, dans les deux cas, la maladie offrait les caractères de l'encéphaloïde. La partie altérée occupait les couches profondes, s'étendait sur une longueur de 12 à 15 cent., avait une épaisseur de 6 à 8 cent., et elle reposait sur le plan médian de la bosse. Elle avait une couleur grise, et elle présentait des veines jaunâtres plus altérées : le ramollissement était plus considérable au centre et à la partie inférieure que partout ailleurs. A la partie supérieure, elle se confondait avec les parties saines, sans qu'il fût possible d'établir une ligne de démarcation bien tranchée. Chez le dromadaire, la partie altérée pesait 1200 grammes, chez la femelle, elle ne pesait que 950 grammes, et son altération était moins grande.

A en juger par les différents degrés d'altération, la dégénérescence cancéreuse commence par les parties profondes et gagne ensuite la périphérie ; elle marche lentement, et nous ignorons combien de temps elle mettrait pour envahir complétement le tissu de la bosse et mettre l'animal hors de service. Tout ce que nous pouvons affirmer, c'est que, sur les deux sujets que nous avons sacrifiés, elle occupait plus de la moitié de son épaisseur, et que ces animaux n'en paraissaient pas indisposés.

Traitement.

515. Les Arabes ignorent cette maladie, mais ils savent que la pression de la bosse le fait maigrir et finit par rendre l'animal malade.

Le traitement de la dégénérescence cancéreuse doit être plutôt préservatif que curatif. On éviterait sa formation en donnant plus de soins à la confection des selles et des bâts, en entretenant mieux ceux dont on se sert, en empêchant la charge de porter sur le sommet de la bosse, etc.

PIQURE DES MOUCHES (el debabe).

La mouche que nous nommons taon et que les Arabes appellent debabe, produit sur le dromadaire des effets qui ont souvent des suites fâcheuses.

Epoque de l'apparition du debabe.

516. Le debabe (1) commence à se montrer en juin et ne disparaît qu'en septembre. Il habite de préférence les plaines, les vallées boisées et humides ; il est quelquefois si nombreux, qu'il incommode non-seulement le dromadaire, mais encore le cheval et le bœuf. Sa piqûre

---

(1) **Freytag,** dans son dictionnaire arabe-latin, donne du debabe la définition suivante : *Locustis depastus magnum fecit ad deglutiendum* (Buccellum).

17.

est venimeuse, et les Arabes pensent que son venin vient
de ce que ces mouches, après s'être repues des serpents
que l'on trouve en si grande quantité au printemps,
s'imprègnent de leur venin et le déposent dans les plaies
qu'elles produisent sur les animaux.

Symptômes.

517. La piqûre du debabe produit sur le dromadaire
une douleur excessivement vive, et un afflux de sang sur
le point qui en est le siége. De là, la formation de phlegmons de volume variable. Lorsque les mouches s'achar-
nent après un animal, elles l'assaillent sur tous les
points et choisissent de préférence les régions où la peau
est la plus fine, comme le pli de l'aîne, le ventre, les
flancs, etc... Le dromadaire en proie au debabe éprouve
des douleurs intolérables, rue, se laisse tomber, pousse
des cris furieux, se roule par terre, tourne dans tous les
sens comme s'il était frappé de vertige, s'élance de toute
la vitesse de ses allures et ne connaît plus aucun danger.
Nous en avons vu se jeter dans l'eau, dans des ravins, se
rouler sur des buissons, sur des tas de pierres, pour es-
sayer de se débarrasser de ces insectes importuns. Le
dromadaire pris du debabe devient un animal dangereux, et on a de la peine à l'empêcher de se livrer aux
excès dont nous venons de parler.

Quand un troupeau de dromadaires est assailli par les
mouches, le plus grand désordre ne tarde pas à s'y
mettre. M. le général Carbuccia a été témoin d'un fait de
ce genre qui se passa au pied du Tiaret, au retour de
l'expédition de Lagouath, et voici le portrait qu'il nous
en a tracé : « Auprès du Tiaret, en traversant la rivière, les dromadaires furent assaillis pour la première
fois par le debabe ; chaque animal avait sous le ventre
des milliers de ces mouches dont il cherchait vainement
à se débarrasser, soit par des sauts, soit avec les pieds,
soit même en se précipitant à terre. A quatre heures
du soir, le debabe disparut et permit enfin à nos dromadaires de prendre la nourriture et le repos dont ils
avaient un si grand besoin.

« Les Arabes nous assurèrent que, pour préserver nos bêtes du debabe, il fallait les conduire près d'un grand arbre, sur un terrain rocailleux, dépouillé de toute verdure, situé en face du camp. Là, ajoutaient-ils, les dromadaires pouvaient passer les moments de la journée où le debabe sévit ; nous suivîmes leur avis, mais nous fûmes cruellement désabusés. Le spectacle dont nous fûmes témoins huit heures durant fut réellement affreux : tantôt les bêtes paraissaient ivres, tantôt furieuses, parfois sans vie, toutes avaient la tête, les jambes et le ventre couverts de debabes ; nous dûmes donc renoncer à ce prétendu abri, et nous eûmes recours plus tard à un expédient qui nous réussit mieux. »

Effets.

518. Les piqûres du debabe, quand elles sont nombreuses, amènent la maigreur, le dépérissement, le marasme même ; elles donnent lieu à des abcès qui se montrent sur l'encolure et sur d'autres parties du corps. Les Arabes leur font jouer un grand rôle dans la production des maladies du dromadaire, et ils considèrent comme rédhibitoires toutes celles qu'ils prétendent, à tort ou à raison, en être la conséquence.

Pertes qu'il occasionne.

519. Les pertes occasionnées par le debabe sont souvent très-grandes ; il n'est pas rare de voir des troupeaux entiers de dromadaires partir au galop, comme frappés de vertige, se jeter dans les rivières et y périr. D'autres fois, les animaux meurent des suites de la maladie. M. le général Carbuccia, à la page 84 de son livre sur le dromadaire, raconte le fait suivant : « En 1843, les Bou-Aïch de la tribu de Tittery, n'ayant pu émigrer dans le désert, par crainte de l'émir, furent forcés de rester dans le Tell pendant le temps où le debab sévit si cruellement. Ils ne perdirent que la moitié de leurs troupeaux. Cette perte, quoique sensible, fut loin d'être aussi considérable qu'ils le craignaient... »

Traitement.

520. Les Arabes cherchent à préserver leurs dromadaires du debab en les faisant émigrer. Ceux du Tell les envoient dans le Sud, *et vice versá*. Ceux qui ne peuvent opérer cette émigration, tâchent de les placer dans des endroits élevés, loin des bois, des cours d'eau, de la verdure. S'ils doivent se mettre en route, ils se gardent bien de marcher pendant les fortes chaleurs du jour. Dans les douairs, ils parviennent à éloigner les mouches en rassemblant les animaux en groupes serrés, en les entourant d'un cercle de paille mouillée à laquelle ils mettent le feu. Le debab, incommodé par la fumée, s'éloigne des dromadaires. Les applications de goudron chassent aussi les debabes, mais elles sont dispendieuses et elles ne sont pas toujours sans dangers. C'est dans ce but qu'est fait le goudronnage du mois de juin.

Les Arabes administrent, contre les suites du débabe, des corps gras, du beurre surtout ; ils ouvrent les abcès avec le cautère rouge, et ils mettent dans les plaies du goudron et du miel. Le traitement à opposer aux piqûres des mouches doit être celui qu'on administre dans le cas de piqûre des abeilles et même de la vipère. Les abcès doivent être ouverts avec le cautère et pansés selon les indications.

MALADIES DU PIED.

Le pied du dromadaire est doué d'une grande élasticité, mais la nature lui a refusé les conditions de force et de solidité qui sont nécessaires pour la locomotion sur un terrain ferme, accidenté, rocailleux. De là une foule d'accidents quand les animaux voyagent dans un pays qui n'est pas celui pour lequel ils sont conformés.

Usure de la corne.

Causes.

521. Lorsque le dromadaire parcourt une contrée à sol pierreux, très-dur, de la nature du grès, etc., la semelle de corne qui tapisse la face plantaire du pied ne tarde pas à s'user outre mesure, à s'amincir jusqu'au point de ne plus le protéger assez ; il survient alors une boiterie qui met l'animal tout à fait hors de service.

Fréquence.

Cette maladie est fréquente, même dans le Sahara, et la plupart des chameliers nous en ont fait mention. Quand elle a lieu, les Arabes se contentent de décharger les dromadaires, et ils les font voyager en liberté. Si la maladie empire, ils abattent l'animal et ils en mangent la chair.

Traitement.

On ne peut remédier à l'usure de la corne par la ferrure, car la corne ne peut la supporter, mais on pourrait assez facilement organiser des sandales en cuir, recouvrant toute la face plantaire et fixées au pâturon à l'aide de boucles et de courroies.

Nous n'avons pas essayé de ce système, mais nous pensons que son application est loin d'offrir de grandes difficultés. Lorsque l'occasion s'en présentera, nous aurons soin d'en faire usage, et nous ferons connaître plus tard le résultat de nos expériences.

Il n'y a d'autre moyen de guérir l'usure trop considérable de la corne qu'en plaçant les animaux sur des terrains sablonneux et en les condamnant à l'immobilité. Les Arabes les lâchent dans les champs et attendent les soins de la nature.

Solution de continuité.

Fréquence.

522. La corne du dromadaire, celle des pieds de devant surtout, est très-sujette aux crevasses quand il voyage sur des terrains pierreux de la nature des grès, ou des quartz, couverts de broussailles brûlées, etc. Ces crevasses, très-petites d'abord, ne tardent pas à s'agrandir, puis elles se creusent et elles arrivent jusqu'aux parties sensibles. Celles-ci, en contact avec le sable, le gravier, s'enflamment, et l'inflammation gagnant de proche en proche occasionne une boiterie plus ou moins forte.

Traitement.

Les solutions de continuité de la corne sont toujours des accidents fâcheux et mettent l'animal hors de service. Si l'on n'y remédie dès le début, elles peuvent occasionner des accidents graves. Les Arabes ne les traitent pas ; ils se contentent de lâcher les animaux dans les pâturages, et ils attendent que la nature ait fait tous les frais de leur guérison. Là, comme dans le cas précédent, on hâterait considérablement l'époque de la guérison de cette maladie si l'on adaptait au pied une semelle de cuir et si l'on soumettait la plaie à un traitement rationnel.

Bleimes.

Causes.

523. Ce genre de maladie s'observe lorsqu'on fait voyager le dromadaire sur des chemins pierreux, couverts de bois, etc. Elles sont sèches ou suppurées, et, dans tous les cas, l'extravasion sanguine se fait dans les tissus qui séparent la corne de l'enveloppe fibreuse propre à chaque coussinet fibreux jaune élastique.

Gravité.

Les bleimes suppurées occasionnent parfois des ravages très-grands. On nous a affirmé qu'il n'est pas rare de voir le pus décoller la moitié de la semelle de corne et venir se faire jour au talon. Les Arabes ignorent presque toujours la présence de cette maladie et ne lui opposent pas le plus léger traitement. Ils abandonnent les malades dans les champs, et ils attendent que la nature ait fait tous les frais de la guérison.

Il va sans dire que la bleime serait bien plus vite guérie si on l'opérait et si on la traitait rationnellement.

Clou de rue.

Causes.

524. Chez les dromadaires qui paissent dans les bois brûlés, il n'est pas rare de voir un morceau de bois traverser la corne et pénétrer jusqu'aux parties vivantes. Les Arabes, quand ils se doutent de ce genre de maladie, abattent le dromadaire et retirent le corps étranger sans chercher à agrandir l'entrée de la plaie ni à introduire des médicaments dans le fond.

Les accidents auxquels le clou de rue peut donner lieu sont très-graves, surtout lorsque l'inflammation se propage aux coussinets fibreux et aux couches plus profondes.

Inflammation des coussinets du pied.

Les maladies dont nous venons de parler, lorsqu'elles sont négligées, amènent l'inflammation des coussinets fibreux jaunes élastiques, de la couche fibreuse qui les enveloppe, des tendons, des muscles fléchisseurs du pied. Cette complication est rare, tant à cause de la position des organes qu'à cause de leur peu de propension à s'enflammer; mais une fois qu'elle existe, elle peut amener des accidents graves, carie, fusées purulentes, etc., et elle entraîne invariablement la perte du dromadaire.

On arrête les progrès de l'inflammation par les mêmes moyens que dans les autres animaux.

MALADIES DES ORGANES DIGESTIFS.

Stomatite.

526. Les plantes épineuses, ligneuses, dont le dromadaire fait sa nourriture habituelle, lui attaquent souvent la muqueuse buccale, et lui occasionnent une stomatite qui rend la mastication difficile et fait maigrir l'animal.

Les chameliers arabes, quand par hasard ils traitent cette maladie, se servent de masticadours faits avec de l'ail. La stomatite céderait bien plus vite aux moyens employés par nous en pareil cas.

Coliques.

Fréquence.

527. Le dromadaire est très-sujet aux coliques que les Arabes appellent *el ghredda*. Tous les Arabes s'accordent sur ce point et affirment que le ghredda fait périr, tous les ans, un grand nombre de sujets. Ils lui assignent pour causes, la fraîcheur des nuits, les coups d'air, les pluies froides, les vents humides, et surtout les rosées qui couvrent les plantes le matin.

Nature.

Le ghredda n'est pas autre chose qu'une gastro-entérite fort aiguë. Il s'accompagne de douleurs très-vives,
de cris aigus, de coliques intenses ; l'animal se roule
par terre, etc.

Cette maladie a presque toujours une terminaison fu-
neste, surtout si l'on n'y porte remède dès le début.
La terminaison par la mort est si commune, qu'on en
trouve dans les récits de presque tous les voyageurs.
Nous nous contenterons de mentionner le suivant que
nous lisons dans le *Grand désert*, de M. le général
Daumas : « L'un de nous eut l'imprudence de décharger son chameau avant de le laisser se reposer et se
sécher un peu : une petite brise fraîche qui soufflait du
nord le saisit subitement et le ghredda se déclara. C'est
une maladie qui attaque les intestins, se manifeste par
de violentes coliques, et se termine par des abcès au
cou, aux cuisses et au ventre. Dans les deux premiers
cas, elle n'est pas très-dangereuse, mais dans le troisième, elle est infailliblement mortelle. »

Lésions cadavériques.

A l'ouverture du dromadaire mort du ghredda, nous
avons trouvé une congestion intestinale très-forte, et
une légère entérorrhagie dans le colon.

Traitement.

Les Arabes regardent cette maladie comme mortelle ;
aussi ne cherchent-ils pas à la combattre. Nous pensons qu'on pourrait en triompher par la saignée à la
jugulaire, à la dose de 4 kilog., par les breuvages lau-
danisés, par une décoction faite avec les feuilles du
canabis indica (1), par des lavements émollients, des
frictions sèches et même irritantes sur la peau, etc.

---

(1) Le *canabis indica* sert à la préparation du kif ou du hachiche dont
les orientaux font usage pour se procurer des extases agréables. Ce
médicament agit d'une manière très-salutaire sur les affections intestinales, et nous lui avons vu produire d'excellents effets dans plusieurs cas.
Nous ferons connaître plus tard le résultat de nos expériences et de nos
études sur cette plante.

Gastro-entérite des jeunes dromadaires.

528. Les petits dromadaires sont très-sujets à la gastro-entérite. Ils la contractent sous l'influence des pluies, des neiges, des rosées, des refroidissements qui règnent au printemps et en hiver.

Symptômes.

Cette maladie est caractérisée par les mêmes symptômes que dans les autres animaux ; elle ne tarde pas à se compliquer de diarrhée, et, si l'on n'y porte remède dès le début, elle a souvent une terminaison fâcheuse.

Gravité.

La gastro-entérite est toujours grave. C'est elle qui fait périr la plus grande partie des jeunes dromadaires.

Traitement.

Le traitement que les Arabes lui opposent consiste tout simplement à mettre un lambeau de djelal autour du ventre du malade. A ce moyen hygiénique on pourrait ajouter des breuvages ou des électuaires faits avec les feuilles du canabis indica ; l'albumine délayée dans de l'eau, les lavements opiacés, etc., peuvent produire de bons effets.

Diarrhées.

Gravité.

529. Les dromadaires fortement débilités par les intempéries, les privations, etc., de la saison d'hiver, contractent, au printemps, sous l'influence du régime du vert, des diarrhées abondantes, produites par l'atonie de la muqueuse intestinale, et la pauvreté du sang. Ces maladies sont souvent mortelles et font périr bon nombre de sujets.

Traitement.

L'hygiène préviendrait facilement le développement de cette maladie contre laquelle les Arabes ne font jamais rien.

Il nous paraît inutile d'en indiquer ici le traitement.

Péritonite.

530. Les Arabes disent que cette maladie est fréquente chez les dromadaires que les caravanes amènent du Soudan, et qu'elle a fait périr un grand nombre de sujets. Cela tient à ce que ces animaux sont presque dépourvus de poils et habitués à vivre sous un climat où les différences de température entre le jour et la nuit sont peu sensibles, et qu'en arrivant dans le Sahara, ils se trouvent placés dans des conditions tout à fait opposées.

La péritonite reste presque toujours inconnue des Arabes, qui ne se doutent de sa présence que lorsqu'elle est arrivée au dernier degré de gravité. Elle est regardée par eux comme incurable ; aussi cherchent-ils rarement à la combattre.

MALADIES DES ORGANES RESPIRATOIRES.

Les pluies de l'hiver et du printemps, les rosées des nuits, les arrêts de transpiration, etc., occasionnent souvent des inflammations aiguës des voies respiratoires.

Rhinite.

531. Pendant la saison d'hiver, surtout sur les hauts plateaux, le dromadaire est souvent atteint de *corysa* aigu. La pituitaire s'enflamme, les ganglions de l'auge se tuméfient, un liquide plus ou moins abondant s'écoule du nez, etc. etc. Tant que cette maladie reste locale et simple, elle ne présente aucune gravité, et les Arabes ne lui opposent aucun traitement : si elle tend à passer à l'état chronique ou à se prolonger du côté des bronches les chameliers la combattent par le feu placé sur le chanfrein. Quand on rencontre des traces de cautérisation, on peut presque toujours affirmer que l'animal a été atteint de la maladie qui nous occupe.

Bronchite.

532. Elle est assez fréquente et elle s'annonce par les mêmes symptômes que dans les autres animaux. Elle se complique assez souvent d'engorgements et d'abcès des ganglions de l'auge.

Les Arabes la combattent par le feu appliqué sur les parotides, sur le chanfrein, sur le nez ; mais, le plus souvent, ils abandonnent la maladie à la nature. Il nous paraît inutile de parler du traitement à employer, parce qu'il doit être semblable à celui qu'on met en usage chez les autres animaux.

Pneumonies et pleurésies.

Fréquence.

533. Elles sont plus fréquentes que les bronchites, et elles ne règnent guère que sur les hauts plateaux et pendant la saison d'hiver. C'est, en grande partie, pour éviter leur développement, que les Arabes font émigrer leurs chameaux et qu'ils les envoient dans le Tell.

Pleurésie.

La pleurésie est plus commune que la pneumonie ; elle s'accompagne souvent d'épanchements. Les symptômes qui les caractérisent l'une et l'autre sont semblables à ceux qu'on observe dans les autres animaux.

Les Arabes ne les traitent jamais.

Traitement.

Nous pensons que le traitement qu'on emploie pour guérir la pneumonie et la pleurésie chez le cheval, etc., réussirait tout aussi bien chez le dromadaire.

Phthisie.

534. Cette maladie est très-rare. Nous avons vu beaucoup de poumons de dromadaire, et rarement nous avons rencontré des tubercules dans leur parenchyme.

MALADIES NERVEUSES.

D'après les renseignements qui nous ont été fournis par les chameliers, le dromadaire serait sujet à la paralysie et à la folie.

Paralysie.

535. La paralysie générale est très-rare. La paralysie partielle est rare aussi, mais moins cependant que l'autre ; elle se borne au train de derrière. Les Arabes lui assignent deux ordres de causes : 1º les charges trop lourdes; 2º les arrêts de transpiration. A leur avis, la paralysie est incurable, et, ce qu'il y a de plus sage à faire, est de sacrifier l'animal et d'en manger la chair.

Folie (el hemiah).

Nature.

536. Cette maladie est le vertige essentiel; car, au dire des Arabes, les dromadaires qui en sont atteints, courent devant eux, ou tournent dans tous les sens, ne reconnaissent plus aucun danger, se jettent dans les précipices. Ils ont les yeux rouges, injectés, hagards, etc.

Causes.

El hemiah ne se déclare, dit-on, que sous l'influence du simoun, lorsque la température est excessive et que le ciel est fortement chargé de fluide électrique, lorsque le tonnerre gronde. Elle est rare dans le Tell et devient d'autant plus fréquente qu'on avance davantage dans le Sud. Il n'y a pas de remède à cette maladie, disent les Arabes : en trois ou quatre jours, le dromadaire en meurt, lorsqu'il ne s'assomme pas avant en tombant dans quelque précipice.

MALADIES DES YEUX.

Les inflammations de la conjonctive ne sont pas rares chez le dromadaire, quoique son œil soit admirablement conformé et sa vue excellente. Elles se déclarent sous l'influence du sirocco, et elles ne présentent rien de particulier. A moins d'ophthalmie purulente, les chameliers ne traitent point ces maladies, et dans les circonstances où la suppuration est abondante, ils mettent des raies de feu autour de l'orbite.

RENVERSEMENT DU VAGIN.

Quelques médecins de dromadaires nous ont dit que le part est quelquefois suivi du renversement du vagin, surtout chez les chamelles primipares, que cette maladie se guérit seule, mais qu'on aide la nature par des lotions d'eau fraîche.

Si nous étions appelé à traiter cette maladie, nous nous conduirions d'après les règles suivies en pareil cas chez les autres femelles domestiques.

Enfin, nous terminerons cet exposé sur la pathologie du dromadaire, en disant que l'anémie et l'hydrohémie font périr tous les ans un bon nombre de dromadaires ; et que ces animaux, comme tous les autres, sont exposés à contracter des efforts des muscles et des tendons, des dilatations synoviales , en traversant des contrées accidentées, et que rarement les Arabes entreprennent la guérison de ces maladies.

CLAUDICATIONS DES MEMBRES.

Les dromadaires sont assez souvent atteints de boiteries des membres résultant des écarts, des distensions des tendons et des ligaments articulaires, etc., etc. Ces maladies sont plus fréquentes en Syrie qu'en Afrique. Tant qu'elles ne sont pas très-intenses, les chameliers ne tentent aucun traitement ; le jour où elles mettent les animaux dans l'impossibilité de marcher, ils les tuent et ils en mangent la chair.

Une médication rationnelle, semblable à celle qu'on emploie en pareil cas chez le bœuf, le cheval, produirait les mêmes résultats que chez ces animaux.

2· THÉRAPEUTIQUE.

Après avoir rencontré autant de différences anatomiques et physiologiques chez le dromadaire, nous nous sommes demandé quelle doit être l'action physiologique et thérapeutique des moyens chirurgicaux et des agents médicamenteux sur cet animal, qui tient tantôt du bœuf, tantôt du cheval, tantôt ne ressemble ni à l'un ni à l'autre, et, pour arriver à la solution de cette question, nous avons entrepris une série d'expériences sur l'action des médicaments, en choisissant de préférence ceux dont l'emploi peut être journalier dans le traitement des maladies du dromadaire. Voici le résumé de nos travaux :

SAIGNÉES.

Saignées locales.

537. Les saignées aux petites veines sous-cutanées sont extrêmement difficiles à faire, et de même que les scarifications et les mouchetures, elles ne donnent qu'une très-petite quantité de sang, lors même que l'endroit sur lequel on les pratique est le siége d'un engorgement phlegmoneux. Il ne faut donc pas compter sur les saignées locales.

Saignée générale.

Difficultés que présente cette opération.

538. Les saignées aux grosses veines sous-cutanées sont souvent très-difficiles à faire ; plusieurs causes contribuent à ce qu'il en soit ainsi. En première ligne, nous devons placer le caractère difficile, ombrageux, etc., de l'animal. Lorsqu'un dromadaire voit s'approcher de lui deux ou trois personnes qui lui sont étrangères, portant des objets qu'il n'a pas l'habitude de voir, il s'effraie, cherche à fuir, à éloigner l'opérateur et ses aides, en leur lançant des coups de pied, de dent, des matières alimentaires qu'il retire de sa panse. Pour pouvoir l'aborder, nous avons été souvent obligé de le faire coucher, de le maintenir dans cette position par la force, et de lui tenir les mâchoires rapprochées à l'aide d'un lien très-fort. Malgré ces précautions, l'animal ne nous a pas toujours permis de pratiquer la saignée tranquillement.

2° L'épaisseur de la peau et sa densité nécessitent l'usage d'une flamme à lame plus longue que celle du bœuf, et elle rend très-difficile l'usage de l'épingle et de l'aiguille pour arrêter la saignée. Neuf fois sur dix, au moins, nous avons été forcé d'avoir recours à une forte aiguille à suture pour arrêter l'hémorragie, et encore son introduction était extrêmement difficile.

3° Avant de faire couler le sang, il faut avoir soin de couvrir la tête du dromadaire, afin qu'il ne s'aperçoive pas de sa sortie de la veine. Les animaux chez lesquels nous négligions cette précaution, entraient dans de grands accès de colère, poussaient des cris furieux, se frappaient la tête contre le sol, et, pour arrêter la saignée, nous étions obligé de les entraver et de les faire coucher sur le côté droit. Quand on est forcé de prendre ces précautions, la saignée est loin d'être sans danger.

Dans le principe, nous avons cherché à arrêter la saignée, comme cela se pratique chez le bœuf, en détruisant le parallélisme qui existait entre la veine et la peau, mais la densité du tissu cellulaire, l'épaisseur de la peau, l'abondance du jet, la fluidité du liquide, ont rendu nos tentatives infructueuses.

Quelle est la quantité de sang qu'on doit retirer? Cette question ne saurait être résolue d'une manière générale. Elle doit varier suivant une foule de circonstances qu'il est inutile d'indiquer ici, mais que les hommes de l'art comprendront facilement. Nous dirons seulement que, toutes choses égales, les saignées doivent être moins fortes chez le dromadaire que chez le bœuf et le cheval, car le système vasculaire et la masse du sang sont moins forts chez le premier que chez les deux autres.

SÉTONS.

Sur deux sujets, nous avons placé deux sétons sur les parois pectorales.

Difficultés de l'opération.

539. L'application des sétons est bien plus difficile chez le dromadaire que chez les autres animaux; elle ne peut se faire que lorsque le sujet est couché sur le côté et maintenu par force dans cette position. L'épaisseur considérable de la peau, la densité du tissu cellulaire sous-jacent, rendent très-difficile le passage de l'aiguille entre la peau et les muscles.

Régions où l'on peut placer des sétons.

540. Les régions où l'on peut placer des sétons sont moins nombreuses chez le dromadaire que chez le bœuf et le cheval. L'encolure avec son balancement conti-

18

nuel, le poitrail dépourvu de fanon et avec ses callosités sternales, ne peuvent les recevoir. Les parois pectorales sont presque les seuls endroits où il soit possible d'en placer.

Les sétons, sur cet animal, produisent le même effet que sur les autres, et, au bout de deux jours, on voit s'établir une suppuration abondante et de bonne nature.

PONCTION DE L'AILE DU NEZ.

Nous avons dit ailleurs que les Arabes percent l'aile interne du naseau droit pour y placer un anneau de fer. Le procédé qui nous paraît le plus simple, le plus facilement applicable, consiste à traverser l'aile interne à un travers de doigt de son bord libre, soit avec un fer rouge, soit avec un emporte-pièce.

Manuel de l'opération.

541. Cette opération est très-facile à faire. S'agit-il de la ponction à l'aide du fer rouge ? il suffit pour cela de faire accroupir l'animal, de lui attacher les jambes de devant, de faire tenir sa tête par un aide, et de faire appuyer la face interne de l'aile du nez sur un corps dur, pendant que l'opérateur applique le fer rouge. Le cautère dont on se sert doit avoir à peine les dimensions d'une plume à écrire. Plus gros, il produirait un trou trop considérable, et on courrait grand risque de voir l'aile du nez détruite par la cautérisation. Si l'opération se fait avec un emporte-pièce, il faut choisir un instrument ayant au moins trois millimètres de diamètre.

La ponction de l'aile du nez demande peu de temps, n'est jamais suivie d'accidents, et la seule attention qu'on doit avoir, c'est de ne pas la pratiquer trop près du bord libre de l'aile. La plaie qui en résulte doit être traitée comme toute plaie simple.

ONGUENT VÉSICATOIRE.

Expériences.

542. Ce médicament produit moins d'effets sur le

dromadaire que sur le bœuf. Pour en obtenir quelques bons résultats, il faut toujours l'employer chaud et en frictions. Nous nous en sommes servi de cette manière pour faire disparaître un phlegmon de la bosse que portait un des dromadaires que nous avons sacrifiés. Nous l'avons employé à trois reprises différentes et à la dose de 25 grammes chaque fois. Au bout de dix-huit jours, le phlegmon avait à peu près disparu ; à l'ouverture de ce sujet, nous n'avons pas remarqué qu'il y ait eu absorption de la cantharidine.

POMMADE DE DEUTO-IODURE DE MERCURE.

La pommade de bi-iodure de mercure (axonge, 7 parties, bi-iodure, 1 partie), employée en frictions sur les parois pectorales, produit une action forte, mais moins prononcée que chez le cheval.

MÉLANGE DE SUBLIMÉ ET DE TÉRÉBENTHINE.

Une friction de ce mélange à la face interne de la cuisse a fait naître un vésicatoire très-considérable, un engorgement très-prononcé. Ce médicament nous paraît devoir rendre de bons services dans le traitement des phlegmons, des engorgements froids, glanduleux, etc.

TEINTURE DE CANTHARIDES.

Son action est moins intense que chez le cheval et que chez le bœuf, mais elle produit un afflux de liquides assez considérable, et, sous ce rapport, elle peut convenir dans plusieurs cas.

ESSENCE DE TÉRÉBENTHINE.

Son action est moins forte que dans le cheval, et plus que dans le bœuf. Pour ce motif, ce médicament doit être employé de préférence à l'alcool camphré, qui, en général, a une action trop faible.

GOUDRON.

Ce médicament est la panacée des Arabes. Ils s'en servent à tout propos, et notamment contre la gale et les plaies. Nous l'avons employé dans des cas semblables, et nous n'avons eu qu'à nous en louer. Ce médicament doit être employé, de préférence à tout autre, contre les plaies, car il a le triple avantage d'agir sur les bourgeons, de préserver les plaies du contact de l'air, et d'en éloigner les mouches.

MÉLANGE DE GOUDRON, DE SUBLIMÉ ET D'ACIDE ARSÉNIEUX.

Ce mélange, dans les proportions suivantes : goudron, 100 grammes ; sublimé, 60 grammes ; acide arsénieux, 30 grammes, constitue un résolutif des plus puissants qu'on puisse employer avec succès contre les engorgements glanduleux, froids, etc. etc. Son action est plus énergique que celle de l'onguent vésicatoire, du mélange de sublimé et de térébenthine, de la pommade de bi-iodure de mercure, etc... (1).

FEU.

Nous avons vu que les Arabes s'en servent très-souvent, et surtout contre l'angine, la bronchite, les plaies, les abcès occasionnés par le debabe. On doit y avoir recours le plus souvent possible.

TEINTURE D'ALOÈS, LIQUEUR DE VILATTE.

Nous nous sommes servi de ces deux médicaments, dans les circonstances où leur emploi est indiqué pour tous les autres animaux, et nous en avons obtenu les mêmes effets.

ÉMOLLIENTS.

Ces médicaments réussissent moins bien que chez le bœuf et que chez le cheval. Pour l'usage externe, et à l'exception des maladies du pied, il vaut mieux s'adresser aux révulsifs, aux irritants, aux épispastiques, etc.

---

(1) Depuis bien longtemps nous faisons usage de ce médicament contre les engorgements farcineux des membres du cheval, qui envahissent une très-large surface, la totalité du membre, et nous en avons obtenu de très-bons effets.

PURGATIFS.

Nous avons essayé deux médicaments appartenant à cette classe : le sulfate de soude et l'aloès.

Pour produire la purgation avec le *sulfate de soude*, nous avons été obligé de porter la dose de ce médicament à 1200 et même à 1500 grammes, et de le donner deux jours de suite.

L'aloès agit avec lenteur et est souvent infidèle. Pour qu'il purge, il faut en continuer l'usage pendant deux ou trois jours, à la dose de 60 et 70 grammes en dissolution dans de l'eau.

CANABIS INDICA.

Sur un jeune dromadaire atteint de gastro-entérite diarrhéique, nous avons donné avec un succès complet, la décoction de feuilles du *canabis indica*, à la dose de 3 grammes par jour.

RETEM.

Les Arabes appellent *retem* le genêt à balais. Cet arbrisseau croît abondamment dans les hautes régions du Tell, surtout dans le Sahara, sur les mamelons de sable. Le suc de cette plante devient d'autant plus amer, qu'on s'avance davantage dans le Sud. Il est employé par les chameliers contre les contusions et les plaies du dromadaire.

PLANTES VÉNÉNEUSES.

Entre autres plantes vénéneuses pour les chameaux, nous citerons le hennée et le drias.

543. *Le hennée* (lawsonia inernis) est cultivé en grand dans le Sahara et dans plusieurs contrées du Tell, à Mostaganem entre autres. Les feuilles sont l'objet d'un grand commerce, et elles figurent sur tous les marchés arabes. Les femmes arabes s'en servent pour teindre en jaune leurs ongles, leurs pieds, leurs mains, etc... On s'en sert aussi comme cosmétique pour le cheval, et dans le traitement des plaies, des contusions, des abcès. Dans des cas semblables, le hennée réussit bien chez le

dromadaire ; mais, si l'on s'en sert pour l'usage interne,
il donne de violentes coliques et la mort.

Drias.

544. Les Arabes appellent *drias* ou *bounefa* une
plante de la famille des ombellifères (*thapsia garga-
nica*, L), qui croît en abondance dans le Tell et qui est
un poison violent pour le dromadaire. On le trouve
surtout sur les hauts plateaux de Tlemcen, des Flitta,
du Sétif, de Constantine, où il vit à côté de l'artichaut
sauvage, dont le dromadaire est très-friand, et c'est ce
voisinage qui donne lieu assez souvent à des empoison-
nements. Certains chameliers du Sahara prétendent
que c'est à la présence de cette plante dans le Tell qu'est
dû l'abâtardissement du dromadaire dans cette partie
de l'Algérie; mais cette opinion n'est rien moins que
vraie.

Le drias produit de violentes coliques, occasionne
une irritation intestinale très-forte, et la mort en est
souvent la suite.

SAVON.

545. Les Arabes nous ayant affirmé que le savon est
un poison pour le dromadaire, nous avons voulu vérifier le fait par nous-même, et nous avons fait les deux
expériences suivantes : — 1re *Expérience*. A un dromadaire que nous avions laissé à la diète de boissons pendant huit jours, nous avons présenté quinze litres d'eau
contenant 350 grammes de savon. L'animal en a bu environ la moitié avec répugnance et parce qu'il était pressé
par la soif. Il n'a éprouvé aucun symptôme d'empoison-
ment ; — 2e *Expérience*. Nous avons fait prendre de
force 250 grammes de savon vert dissous dans de l'eau ;
trois heures après l'ingestion de la boisson, des coliques
légères se sont déclarées, et le lendemain il est survenu
une diarrhée assez abondante.

FIN DE L'HISTOIRE NATURELLE DU DROMADAIRE.

TABLE ANALYTIQUE.

FIN DE LA TABLE DE L'HISTOIRE NATURELLE DU DROMADAIRE.